"十四五"时期国家重点出版物出版专项规划项目

智慧养殖系列

引领奶牛养殖业数智化转型

◎ 安晓萍　齐景伟　王步钰　著

中国农业科学技术出版社

图书在版编目（CIP）数据

引领奶牛养殖业数智化转型 / 安晓萍，齐景伟，王步钰著. --北京：中国农业科学技术出版社，2023. 12

ISBN 978-7-5116-6505-8

Ⅰ. ①引… Ⅱ. ①安… ②齐… ③王… Ⅲ. ①智能技术－应用－乳牛－饲养管理 Ⅳ. ①S823.9-39

中国国家版本馆CIP数据核字（2023）第211867号

责任编辑 施睿佳 姚 欢
责任校对 王 彦
责任印制 姜义伟 王思文

出 版 者 中国农业科学技术出版社
北京市中关村南大街12号 邮编：100081
电 话 （010）82106631（编辑室） （010）82109702（发行部）
（010）82109709（读者服务部）
网 址 https: // castp.caas.cn
经 销 者 各地新华书店
印 刷 者 北京建宏印刷有限公司
开 本 185 mm × 260 mm 1/16
印 张 10
字 数 250千字
版 次 2023年12月第1版 2023年12月第1次印刷
定 价 78.00元

《引领奶牛养殖业数智化转型》

著作委员会

主　著：安晓萍　齐景伟　王步钰

参　著：王　园　刘　娜　王文文　辛　宇

前　言

奶业是现代农业的重要组成部分。近年来，随着经济的发展和国民生活水平的不断提高，我国奶业的发展时机已经成熟，潜在的消费市场进一步扩大。发展好奶牛养殖是发展奶业的基础，绿色发展、市场竞争、资源约束的压力使奶牛养殖业出现了结构与模式的变化，结合了物联网、大数据、人工智能等多元信息技术的全新智慧养殖模式已然形成。

为了适应奶牛智慧养殖模式的发展，我们针对当下现状，编写了《引领奶牛养殖业数智化转型》。本书系统介绍了奶牛智慧养殖的相关技术、应用和实践，并以云著作理念提供线上沉浸式交互体验。全书共九章，覆盖了奶牛智慧养殖的主要技术。第一章介绍了奶牛产业和奶牛智慧养殖的发展趋势；第二章介绍了智慧牧场四维实景，为读者构建了一个现代化智慧牧场全景；第三章详细介绍了奶牛个体信息智能监测，包括个体目标识别、行为监测及体况智能监测等；第四章、第五章、第六章、第七章分别阐述了犊牛期、育成期、干奶期和围产期以及泌乳期奶牛智能化养殖；第八章介绍了智慧养牛管理系统，包括精准饲喂、养殖管理、提醒预警、实景监控、物料管理、疾病防疫、产奶管理、分析决策八大业务模块；第九章介绍了智慧牧场生物安全管控技术。

本书既可以作为新农科建设背景下高等农林院校和高职高专院校智慧牧业科学与工程等专业的畜牧相关教材，也可作为现代化牧场基础培训资料，加深从业人员和相关研究人员对奶牛智慧养殖的概念、技术与应用的理解，促进奶牛养殖业的智能化发展。

全书第一章、第八章、第九章由齐景伟所著，第二章和第三章由王步钰所著，第四章至第七章由安晓萍所著，参著的还有王园、刘娜、王文文、辛宇。

著　者

2023年8月

目　录

第一章　绪　论 ………………………………………………………………………… 1
1.1　奶牛产业的发展趋势 ………………………………………………………… 1
1.1.1　世界奶业发展现状及趋势 ………………………………………………… 1
1.1.2　中国奶业发展现状及趋势 ………………………………………………… 3
1.1.3　国内外奶牛养殖业的发展现状 …………………………………………… 4
1.1.4　国外奶业发展对中国奶牛养殖业发展的启示 …………………………… 5
1.2　奶牛智慧养殖的发展趋势 …………………………………………………… 6
1.2.1　国外奶牛智慧养殖发展现状与趋势 ……………………………………… 6
1.2.2　国内奶牛智慧养殖发展现状与趋势 ……………………………………… 7
1.2.3　云边端协同架构 …………………………………………………………… 8
1.2.4　云边端协同的奶牛智慧养殖 ……………………………………………10
参考文献 …………………………………………………………………………12
第二章　智慧牧场四维实景 ………………………………………………………15
2.1　智慧牧场概述 ………………………………………………………………15
2.2　智慧牧场的物联网技术 ……………………………………………………15
2.2.1　传感器技术 ………………………………………………………………16
2.2.2　射频识别技术（RFID） …………………………………………………17
2.2.3　计算机视觉技术 …………………………………………………………18
2.2.4　红外热成像技术 …………………………………………………………20
2.2.5　超声检查技术 ……………………………………………………………21
2.2.6　声音技术 …………………………………………………………………22
2.3　智慧牧场四维实景 …………………………………………………………22
2.4　数字孪生技术 ………………………………………………………………23

参考文献 ······24
第三章 奶牛个体信息智能监测······29
3.1 奶牛个体目标识别 ······29
3.1.1 基于电子设备的个体目标识别方法 ······29
3.1.2 基于计算机视觉技术的奶牛个体目标识别方法 ······30
3.1.3 基于深度学习的奶牛个体目标识别 ······31
3.1.4 基于云科研平台的奶牛目标识别全流程实践应用 ······31
3.2 奶牛行为监测 ······39
3.2.1 基于接触式传感器的行为监测方法 ······39
3.2.2 基于非接触式传感器的行为监测方法 ······40
3.2.3 基于云科研平台的奶牛行为识别应用全流程实践 ······41
3.3 奶牛体况智能监测 ······44
3.3.1 传统体况评分 ······44
3.3.2 基于视觉技术的体况评分 ······45
3.4 奶牛乳房炎监测 ······46
参考文献 ······47
第四章 犊牛智能化养殖······52
4.1 犊牛饲养管理 ······52
4.1.1 犊牛饲养管理目标 ······52
4.1.2 犊牛岛管理技术 ······52
4.1.3 犊牛胃肠道的生理特点 ······52
4.2 犊牛智能化养殖 ······53
4.2.1 初生犊牛护理 ······53
4.2.2 去角 ······55
4.2.3 断奶 ······56
4.2.4 牛只进群 ······58
4.2.5 日常管理 ······59
参考文献 ······61
第五章 育成期奶牛智能化养殖······63
5.1 育成期奶牛分群饲养管理 ······63

5.1.1 育成期奶牛管理目标 ……63
5.1.2 体重的自动测量 ……63
5.1.3 分群管理 ……64
5.2 育成期奶牛智能化养殖 ……65
5.2.1 发情 ……65
5.2.2 配种 ……67
5.2.3 修蹄 ……69
5.2.4 蹄浴 ……70
5.2.5 初检 ……70
5.2.6 复检 ……72
5.2.7 体况评分 ……74
5.2.8 日常管理 ……80
参考文献 ……84
第六章 干奶期和围产期奶牛智能化养殖 ……87
6.1 干奶期和围产期饲养管理目标 ……87
6.1.1 干奶期奶牛管理目标 ……87
6.1.2 围产后期管理目标 ……87
6.2 饲喂管理 ……87
6.2.1 干奶期 ……87
6.2.2 围产前期 ……88
6.2.3 围产后期 ……88
6.2.4 围产牛配方管理 ……89
6.2.5 圈舍配方 ……90
6.3 调群管理 ……90
6.4 干奶管理 ……92
6.4.1 干奶准备 ……93
6.4.2 干奶操作 ……93
6.4.3 干奶后注意事项 ……94
6.5 分娩智能管理 ……94
6.5.1 产房管理 ……94

6.5.2 围产前胎检 ……95
6.5.3 分娩管理 ……96
6.6 分娩后饲养管理 ……99
参考文献 ……100
第七章 泌乳期奶牛智能化养殖 ……102
7.1 泌乳期饲养管理目标 ……102
7.2 泌乳 ……102
7.2.1 上挤奶台 ……102
7.2.2 验奶 ……102
7.2.3 前药浴 ……103
7.2.4 乳头擦拭 ……103
7.2.5 套杯 ……104
7.2.6 后药浴 ……104
7.2.7 奶量上报 ……105
7.3 日常管理 ……107
7.3.1 饲喂 ……107
7.3.2 调群 ……109
7.3.3 巡栏 ……111
参考文献 ……111
第八章 智慧养牛管理系统 ……113
8.1 精准饲喂 ……113
8.1.1 日粮管理 ……114
8.1.2 任务预览 ……119
8.1.3 报表 ……120
8.2 养殖管理 ……122
8.3 提醒预警 ……123
8.4 实景监控 ……124
8.5 物料管理 ……125
8.6 疾病防疫 ……130
8.7 产奶管理 ……132

8.8 分析决策 …… 134
第九章 智慧牧场生物安全管控技术 …… 136
9.1 奶牛生物安全目标 …… 136
9.2 出入管理 …… 136
9.2.1 人员管理 …… 136
9.2.2 车辆入场管理 …… 136
9.2.3 防疫期管理 …… 137
9.2.4 牛只出入场检疫管理 …… 137
9.3 物资管理 …… 137
9.3.1 入库管理 …… 138
9.3.2 出库管理 …… 139
9.4 免疫流程 …… 141
9.4.1 消毒管理 …… 141
9.4.2 免疫管理 …… 142
9.5 检疫流程 …… 143
9.5.1 检疫程序 …… 143
9.5.2 结核检疫 …… 144
9.5.3 布病检疫 …… 144
9.5.4 副结核检疫 …… 145
9.5.5 血样采集及送检操作规范 …… 145
9.6 有害生物防控 …… 146
9.6.1 灭蚊、蝇管理 …… 146
9.6.2 防鼠管理 …… 147

第一章　绪　论

近年来，随着我国居民生活水平的提高，人们对优质肉蛋奶的需求量逐年提高。奶业作为畜牧业的重要产业，承担着为国民提供优质奶源、满足人民群众日益增长的美好生活需要的任务。随着我国奶业的发展，奶牛单产能力以及生鲜奶加工水平整体呈现上升趋势，2010年我国牛奶年产量仅有3 038.9万t，2020年已增长到3 440.1万t，增长13.2%。奶业已成为农业发展中的一个热点行业，在促进我国农业结构调整、增加农民收入、扩大内需、拉动消费和提高国民身体素质方面的作用越来越明显，已成为关系国民经济发展和社会进步的重要产业。

1.1　奶牛产业的发展趋势

1.1.1　世界奶业发展现状及趋势

奶业是高效的畜牧产业，世界各国都普遍重视发展奶业。欧洲、美洲及大洋洲各国奶业发展历史悠久、生产力水平高、产业发达，奶业产值一般都占畜牧业总产值的1/3左右；奶业在国民经济中占有重要地位，如法国乳品工业的产值占国民经济总产值的8%。发展中国家特别是亚洲国家近年来也把发展奶业作为提高国民营养水平和民族素质、促进经济发展的重要措施来抓。例如，1954年日本颁布《学生午餐法》《关于促进乳品业和养牛业的法令》，为推广“学生奶”提供了法律依据，政府每年都拨出专门经费补贴学生奶项目，以促进奶业消费、拓展奶业市场。

世界各国均把奶业作为提高国民身体素质的主要措施。素有“奶牛之国”美誉的荷兰，在其北部城市列兹瓦尔登耸立着一座奶牛纪念碑，底座碑文上写着“我们的妈妈”。泰国在总理政府办公室下设“全国喝奶运动委员会”，由部长任主席，并在全国农村、城市建立许多牛奶配送中心，以推动牛奶的普及。印度政府大力倡导在农村发展乳业，建立了相关结构，把奶牛饲养列为扶贫主要内容之一，在全国掀起了旨在推动奶类消费的“白色风暴”，奶业成为农村经济的支柱。

2017—2022年，全球牛奶产量呈逐年递增态势。2022年，全球牛奶产量为5.44亿t，相比2017年增加了6.46%。

2017—2021年，全球牛奶消费量呈逐年递增态势。2021年，全球牛奶消费量为1.9亿t，相比2020年增加了1.64%。

从全球牛奶产量区域分布状况来看，2021年，欧盟牛奶产量排名第一，占比26.78%；其次为美国，产量占比18.86%；第三名为印度，产量占比17.64%；中国以

6.36%的产量占比排名第四。从全球牛奶消费量分布状况来看，2021年，全球牛奶消费量排名第一的国家为印度，消费量占比43.52%；欧盟消费量排名第二，占比12.53%；美国以11.01%的消费量占比排名第三。

综合来看，全球牛奶产量及消费量均呈现上升趋势，饮用牛奶以补充人体所需的营养成分成为人们的共识。欧盟、美国、印度产量占比较高。印度牛奶产量占全球17.64%，消费量却占比43.52%，这是因为印度牛奶主要用于国内消费，而欧盟、美国牛奶除国内使用外，向外出口也占据了一定的比例。虽然目前全球牛奶供需规模逐年扩大，但牛奶市场依旧具备成长空间，预计未来全球牛奶市场规模还将进一步扩大。

1.1.1.1 美国奶业发展情况

美国是世界奶业强国，其现代化的奶业生产为世界各国的奶业生产起到了示范和巨大的带动作用。大多数美国现代奶牛场由家庭农场演变而来，有的家庭4～5代后仍然从事农场工作，农场上百年的历史和成千上万亩的土地，为奶牛提供丰富的生产管理经验和优质饲料。此外，美国农业人口减少、土地资源丰富、劳动力短缺，从而迫使美国奶牛生产向高科技、现代化、集约化发展，同时其世代相传的农业生产技术管理经验，也为奶牛生产现代化、规模化提供了有利的技术支持。美国奶牛场高技术含量的生产体现在挤奶厅上，其70%的工作都是在现代化的挤奶厅内完成。大多数农场的奶牛几乎全部采用自由采食方式饲养，采用高科技设备，仅靠极其有限的人力，就可以完成每天奶牛的检查、诊断、治疗和配种等日常工作，其设备就是在奶牛脖子上带一个感应识别器，与计算机相连，利用专业软件对奶牛进行管理。当前，农场主要工作就是在计算机上录入当天的资料，同时通过计算机检查第二天要处理牛和临时增加奶牛的清单，以便第二天完整有效地处理记录牛群。这些工作只需要通过简单地点击鼠标和键盘就可以完成，便于资料的保存与查找。美国现代农场追求的是高水平的专业化技术服务，很多工作都是请专业服务公司来做。例如，同期发情配种请专业的品种改良公司来完成，有专业的营养师调配饲料，也有专业公司修蹄，连妊娠诊断都由专业的畜牧师完成。专业化的分工也造就了高水平的专业技术人员，比如兽医师35天妊娠诊断准确率都在95%以上。自1999年以来，农场规模迅速扩大，增加了对高水平专业人员的需求和依赖，特别是兽医师和营养师，几乎所有的大农场都聘请兽医师、营养师为顾问，或者直接将其聘请为农场管理人员，以此来提高农场的经济效益。

1.1.1.2 以色列奶业发展情况

以色列的奶牛场主要建在莫沙夫（合作社）和基布兹（集体农场）。平均每个莫沙夫的奶牛群由50头奶牛组成，而每个基布兹的奶牛群则平均拥有奶牛300头。从20世纪50年代至今，以色列牛奶平均产量增长了2.5倍，每头牛年均产奶从3 900 L增长到2005年的将近11 200 L。以色列奶业的成功得益于其集约化系统的高效发展。以色列奶业实际上是一个先进而完整的计算机数据库，使用者可以在此追踪查询每头牛的家谱、产奶量以及品质等各方面信息，诸如牛的营养史、繁殖力、健康状况以及其他许多有用的信息，这些信息可以使奶业始终保持高水准。以色列奶业致力于发展先进的技术，这些技术使其彻底完成了向自动化作业的转变，也使其完全置于严格的质量控制之下。这些技术把从业人员从繁重的劳动中解放出来，同时又能确保这些操作符合指定的技术标准，从而获得更高的收益。例如，安装在自动挤奶机上的计量表可以测定牛奶的流量和挤奶时间，也可以作为乳房炎的早期诊断方法；安装在牛腿上的传感器和计步器可用于牛的识别及向中央计算机传递信息，监测牛的发情周期；饲喂系统软件可以根据最佳的营养价值和经济效益来计算饲喂量。以色列几乎没有可用于放牧的场所，所以，在以色列，牛群所获得营养完全依靠全混合饲料。这些饲料由各个地区的中心饲料站配制分发，而不必由各个奶牛场自行准备。在以色列，奶牛群的饲喂采用由计算机控制的饲喂系统进行管理，它可以为泌乳牛和围产期牛提供准确的营养平衡，也可以为犊牛提供适当的食谱。为了更加便于饲喂，一种特别设计的自行单元（联合饲喂车）已投入使用，它可以在各个饲养场间自动混合并分发饲料。在饲料分发完毕后，这些数据将被传至中央计算机，实现奶牛的初步精准饲喂。

1.1.2 中国奶业发展现状及趋势

奶业是促进第一二三产业协同发展的战略性产业，事关国民体质和少年儿童健康成长。作为世界第二大经济体，我国对奶制品的需求巨大。民以食为天，随着人民收入水平提高，乳制品在食品消费中比重上升，为了解决食品结构转型与种植结构之间的矛盾，国家提出农业向粮、经、饲统筹，种、养、加一体转型，奶业成为农业供给侧结构性改革的突破口。首先，推进奶业发展可以满足人民食物消费结构升级，带动饲料作物的种植，实现农业结构的优化；其次，奶业的发展离不开乡村，奶业兴旺必然会促进乡村振兴，带动农民增收。

奶业发展对畜牧业的发展起着举足轻重的作用，中央领导高度重视奶业发展，习近平总书记曾在不同场合，多次就奶业健康发展作出重要指示。近年来，我国制定了一系列促进奶业发展的政策。自2006年至2019年中央一号文件，连续14年发布了关于大力发展奶牛规模养殖及良种繁育等促进奶业发展的相关政策。2009年9月，国务院办公厅印发《关于进一步加强乳品质量安全工作的通知》；2009年国家发改委修订《乳制品工业产业政策》；2016年12月原农业部等5部委联合印发了《全国奶业发展规划（2016—2020年）》；2018年6月国务院办公厅印发了《关于推进奶业振兴保障乳品质量安全的意见》；2018年12月农业农村部等9部委联合印发了《关于进一步促进奶业振兴的若干意见》。2019年2月中共中央、国务院印发的《关于坚持农业农村优先发展做好“三农”工作的若干意见》提出，实施奶业振兴行动，加强优质奶源基地建设。

我国奶业已经取得了巨大的发展。生鲜乳产量大幅提升，2018年牛奶产量3 074.6万t，较1978年增加了约35倍；全国平均生鲜乳质量指标高于国家标准，规模化牧场指标达到了国际先进水平；奶牛养殖水平提高明显，2018年存栏100头以上的养殖场奶牛存栏数占比60%以上，中国荷斯坦奶牛平均单产为7 400 kg/年，较1978年增长了1.5倍多，机械化水平提高，牧场由松散型养殖向规范化、规模化养殖转型基本完成；2018年我国乳制品产量为2 687.10万t，2000—2018年年复合增长率15.29%；中国引进了世界一流的乳制品生产设备，装备了世界最先进的检测仪器，实施了最严苛的全产业链监管制度，乳制品质量比肩国际水准，2018年抽检合格率99.8%；一批乳企脱颖而出，品牌影响力越来越大，伊利、蒙牛等奶业领军企业表现突出，在海外开疆扩土，兼并收购，中国奶业与国际合作的大格局正在形成。

中国农业科学院农业信息研究所发布的《2021—2030年中国奶制品市场展望报告》显示，到2025年，我国奶类产量将达到3 989万t，年均增长2.3%；2030年，预计泌乳牛单产水平将突破10 t，奶类产量达到4 389万t，年均增速2.3%。从消费水平来看，2022年中国人均奶制品消费量42 kg，平均每天115 g，远未达到《中国居民膳食指南（2022）》推荐的每天300～500 mL标准，不到世界平均水平的1/3；据测算，到2030年，奶制品消费量将达到6 933万t，人均消费量将达到47.9 kg。我国奶业发展和消费市场有着巨大潜力。

1.1.3 国内外奶牛养殖业的发展现状

奶牛养殖业发展情况与畜牧业甚至农业的发展情况息息相关，与其他行业的关联度较大，具有节粮、高效的特点。奶牛养殖是发展奶业的前提和基础，保障奶牛养殖的收益是奶业健康可持续发展的根本。2017—2021年，全球奶牛数量整体呈现增长趋势。2020年，全球奶牛数量为138 937千头，相比2019年增长了1.14%。

现阶段，我国奶牛养殖业发展状况参差不齐。中国奶牛养殖主要有散户养殖（1～9头）和规模化养殖（10头及以上）两种基本模式，而规模化养殖又分为小规模（10～49头）、中规模（50～499头）、大规模（500头及以上）3种规模。随着奶牛养殖数量的大幅上升，规模化程度越来越高。散户养殖是大多数农户的选择，他们可以利用周围的自然环境，付出较少的劳动力，使养殖成本降到最低。散户养殖虽然可以利用自身优势，但由于规模小、抗风险能力差，规模效益得不到发挥，奶品质量得不到保证。很多中小型牛场的管理方式还停留在人工管理模式，自动化和机械化水平低下。据统计，在一个1 000头奶牛的中型牧场中，北美洲和欧洲等发达国家的人员投入在10人以下，而我国平均至少需要投入35人。奶牛养殖需要考虑多方面因素，如养殖成本、饲养条件等。我国奶业基本处于规模比较大的乳企负责收购奶源并对鲜奶做进一步的生产和加工，而各个奶牛养殖场则负责提供鲜奶奶源的现状。奶牛养殖场与大型乳企相互独立，资金雄厚的奶牛养殖企业通过购买国外的设备以及生产经验来管理牛场，而地处偏远地区的小型牛场由于资金、技术和人才等各方面的限制，仍然采用比较落后的传统方法进行日常管理，效率低下。

中国的奶牛养殖业相较于其他国家来说，产生的时间较晚，但是发展速度比较快。奶牛养殖业的发展规模不断扩大，但仍然存在整体竞争力不足、饲养管理不精准、自动化和机械化水平低下等问题。我国奶业在国际社会竞争力不足的原因在于饲料成本较高、饲料转化率低、产奶量和品质较低。由于我国规模化养殖时间短，使得奶牛养殖业在硬件设施和养殖技术等方面同发达国家存在较大的差距。Gillespie等研究发现，在奶牛养殖成本中，饲料成本占总成本的60%～65%，其中超过10%的饲料因过度饲喂和管理不当造成浪费。同样，饲喂不足则会造成奶牛生长缓慢、产奶量下降。经测算，我国奶牛养殖的饲料转化率为1.2，如果能提高到发达国家的1.5，则每年可为单个牧场至少增收20.3万元。据统计，2017年我国奶牛存栏量近1 500万头，年产奶总量5 500万t，而美国奶牛存栏量近900万头，年产奶总量却高达9 000万t，可见美国每头奶牛的年产奶量是我国每头奶牛的2.7倍。

1.1.4 国外奶业发展对中国奶牛养殖业发展的启示

随着居民收入水平的提高和膳食结构的改善，中国牛奶消费量与日俱增，带动中国奶业快速发展，但是由于质量安全及价格过高等原因，导致中国奶制品缺乏市场竞争力。通过借鉴国外先进奶业发展情况，对我国奶牛养殖业有以下启示。

1.1.4.1 优化品种，提高单产和品质

决定一个国家和地区奶牛生产水平的首要因素是奶牛的品种。引进优良品种、优化牛群结构、提高奶牛单产水平和牛奶质量，是当前市场机制运行条件下增加养殖效益的重要手段。当前，中国奶牛存在良种化程度低和牛群结构混乱等问题。中国奶牛80%是中国荷斯坦奶牛及其杂交改良牛，纯种荷斯坦奶牛不到50%。而世界主要奶业发达的国家纯种荷斯坦奶牛的比例均在80%左右：澳大利亚为75%、新西兰为80%、美国为93%、日本和以色列甚至高达99%。牛群结构混乱也是中国奶牛单产低、质量差的一个重要原因，老弱病残及低产牛不仅对牛奶的产量和质量造成影响，还增加了养殖的成本投入。为此，优化品种和牛群结构是中国奶牛养殖业亟待解决的问题。一是要加强适应性强、产奶量高、质量优的良种培育，除荷斯坦牛外，根据环境和用途引进和培育辅助品种。二是优化牛群结构，淘汰一些低产低效益的奶牛，提高奶牛的单产和质量。

1.1.4.2 降低生产成本，促进可持续发展

奶牛是一种大型食草动物，需要消耗大量的粗、精饲料。美国农场主在自己的饲草饲料地上，种植玉米、苜蓿等作物，制作全株玉米青贮和苜蓿青贮满足养殖需求；澳大利亚和新西兰牧场资源丰富，通过放牧式的适度规模养殖，既降低了饲养成本又提高了牛奶质量；而德国和荷兰草地资源相对稀缺，他们利用海洋性气候的优势，高度重视发展人工牧草，以科学的种养结合模式推动奶业的可持续发展。相比较而言，中国人多地少，饲草原料缺乏，苜蓿等高蛋白质饲料需要从国外进口，牛奶的生产成本投入受国际市场饲料价格影响很大，养殖成本也明显高于国外。因此，中国需要在饲料成本投入环节降低生产成本。东北、内蒙古和西北奶牛优势区气候适宜、土地资源丰富，可以引进优质牧草品种，扩大优质饲草种植面积，同时做好牧场的环境保护，促进可持续发展；而对于草地资源相对稀缺的华东地区则可以采用更加科学的饲养方式，合理配置饲料结构，做到科学配料、科学喂养；种植业发达的农区则可以采用圈养的方式，充分利用玉米和青贮等饲料来降低成本投入。

1.1.4.3 适度规模化养殖，提高生产效率

已有研究发现，当前其他国家在奶牛养殖中均通过规模化养殖来发展提高奶业的生产效率。新西兰和澳大利亚充分利用本国的地理优势发展规模化养殖，养殖场的数量不

断减少，草地载畜率逐年提高；美国以家庭农场为单位的规模化养殖使得奶牛养殖效益日益增加；德国和荷兰虽然草地资源相对稀缺，但是逐渐扩大的养殖规模也正在推动奶业的发展。除了单产的优势，规模化养殖的奶牛由于具有更加先进的养殖技术、科学的饲养方式及严格的质量标准，牛奶的质量也更有优势，奶牛的单位产值较散养奶牛也有明显的比较优势。而中国当前的规模化发展远未达到发达国家的水平。中国需要继续引导奶业向规模化和专业化转型，鼓励适度规模和不同的养殖方式，根据各地不同的资源类型，因地制宜，采用种养、放牧和圈养相结合，在草地资源丰富的地区以放牧、种养为主，而在种植业发达的农区首推圈养，充分发挥区域优势。例如，在京津沪地区巩固和发展规模化、标准化养殖；东北、内蒙古等地土地辽阔、牧草丰富，宜重点发展奶牛大户（家庭牧场）、规范化养殖小区、适度规模的奶牛场；华北地区发展专业化养殖场和规模化小区，扩大养殖规模；西北地区则重点发展奶牛养殖小区、适度规模奶牛场。适度的规模化和集约化饲养有利于形成规模效应，既有利于技术推广与应用，又促进质量和效率的提高。

1.2 奶牛智慧养殖的发展趋势

近年来，物联网、大数据、云计算、人工智能等现代信息技术的发展已成为推动农业质量变革、效率变革、动力变革的重要驱动力。畜牧业现代化已蔚然成风，将互联网技术、电子传感器技术与传统畜牧养殖技术相结合，通过多信息融合手段，可逐步实现畜禽养殖的智能化和精细化。规模化、智能化、精细化是奶牛养殖的必然趋势。

1.2.1 国外奶牛智慧养殖发展现状与趋势

20世纪80年代，美国、以色列、澳大利亚等农业大国已经将奶牛智能化养殖技术投入到了畜牧生产应用中。为了掌握奶牛的进食量、产奶量和产犊等情况，美国研发了一套牧场信息管理系统软件，通过记录分析牧场各种数据，从而提高养殖效率。以色列阿菲金公司研发了全球第一套计算机牧场管理软件——阿菲牧（AfiFarm），将牧场数据信息收集、整理和奶牛养殖技术融合。澳大利亚通过电子信息技术研发奶牛颈部佩戴无线定位数据采集装置，用于牧场奶牛行为的实时跟踪记录，实现牧场智慧化管理。瑞典的De Laval. International. AB（Tumba）推出了第一个全自动机器人挤奶系统（AMR）的挤奶厅，每台AMR有24个挤奶位，5只机器人手臂，每小时最多可容纳90头奶牛，一共可容纳300～800头奶牛，进一步提高了牧场的工作效率。加拿大、日本等集约化奶牛场，全面地将信息技术与营养模型调控技术结合起来，实现了以个体奶牛体况为基础的精细饲养，使得奶牛场的整体生产水平较传统的管理模式提高了30%以上。其他发达国家在现代化奶牛养殖上也陆续有了很大进展，如设计养分分析仪，精准科学配制饲草料，机械自动化式的饲草料搅拌投递，建立多功能治疗间，以国家卫生标准设立消毒杀菌设施，研发自动挤奶系统，将新鲜牛奶迅速降温保存，防止微生物繁殖生长，同时降低人工挤奶成本等。

随着世界发达国家信息化水平的逐渐提高，养殖业中的环境监控、个体识别、精准饲喂及数字化管理等技术发展迅速。一些发达国家已利用射频识别技术（RFID）、传感器技术和机器视觉技术等对奶牛的姿态检测和规模化养殖方面开展了研究。

关于奶牛健康养殖的研究主要集中在基本饮食情况的检测、每日运动量是否达标、体温脉搏是否正常等方面，主要的研究方法是通过振动传感器、体温和脉搏传感器等采集奶牛生理数据，然后进行数据传输方式和模型算法研究。

1.2.2 国内奶牛智慧养殖发展现状与趋势

与国外发达国家相比，我国在奶牛智慧养殖方面的相关研究起步较晚。近年来，中国奶牛养殖业结构从农户散养化逐渐向着集成化、自动化、规模化和现代化的方向发展，处于传统养殖向智慧养殖的过渡阶段，存在专用传感器落后、决策算法准确度低以及缺乏智能化精准作业装备的问题。因此，利用先进的信息技术实现智慧养殖建设，进而保障奶牛身体健康、提高奶牛生活福利和养殖场经济效益已经成为奶牛养殖研究领域的重要目标和任务。

2010年郑艳欣将红外传感器安装于奶牛的耳牌上，从而完成对奶牛体温的采集，试验结果表明该方法平均误差为0.58%，体温测量精度较高。同年，吴瑞辉等使用SQL Server 2000数据库研发了一套牧场信息管理系统，该系统性能稳定，能便捷地修改数据库中的奶牛个体信息。2012年邱建飞选用MSP430和全向振动器分别作为微控制器和传感器，对奶牛进行振动强度阈值设定，实现奶牛计步监测。2015年张英桥等使用耐腐蚀性强、可读写的电子耳标，为每头奶牛建立个体信息，并改进射频识别算法解决区域内多头奶牛识别问题。2018年王俊等利用三轴加速度传感器对奶牛腿部进行运动数据采集，然后利用ROC曲线原理获得奶牛运动数据最优分类阈值，实现了对奶牛站立、慢走、躺卧等6种姿态识别，识别平均准确率为76.47%。2019年邓明基等利用三轴加速度计、三轴磁力计和三轴陀螺仪进行奶牛多运动数据采集，然后通过对运动数据提取最优特征值进行第一级预分类，最后通过决策树在第一级分类结果上进行奶牛的采食、行走等7种行为姿态分类。

农业农村信息化是农业农村现代化的战略制高点。农业农村部办公厅印发的《“十四五”全国农业农村信息化发展规划》中提出，要充分发挥数据生产要素作用，解放和发展数字化生产力，全面推动现代信息技术与农业农村各领域各环节深度融合，统筹推进智慧农业建设，促进农业全产业链数字化转型。特别指出智慧畜牧业方面，要推进智慧牧场建设，加快规模养殖场数字化改造，推进环境感知、精准饲喂、粪污清理、疫病防控等设备智能化升级，推动生产全过程平台化管理。

奶牛智慧养殖以数据为支撑，依赖奶牛电子识别系统、图像监控、计步器、发情自动检测系统、全混合日粮（total mixed ration）精确饲喂系统、采食测定等现代传感手段，全方位多角度地提高牧场的现代信息管控水平。其中，利用图像和可穿戴设备监控奶牛生长和身体状况的体况评分系统，是智慧养殖的重要内容。通过对摄像头采集的图像数据进行分析，对奶牛发情期、妊娠期、产犊期、泌乳期等各个环节中的身体健康状况进行持续性跟踪和监控，是精准饲喂的关键依据。建立科学的监控和管理平台，并形成“饲喂—生长评估—饲料调整”的现代化养殖体系，是提高乳品质量和降低成本的必要手段。其中，生长评估主要是利用信息技术，对奶牛养殖过程中的各个环节进行追踪和监控，包括奶牛体形参数测定、生长发育评估和体况评分等。

1.2.3 云边端协同架构

随着云计算从起初的新兴理念逐渐成为成熟应用，我国云计算产业已经成为经济增长、产业转型的重要支撑力量。当前，消费互联网呈现饱和态势，产业互联网成为下一个发展的焦点，很多企业都将“云”作为转型的抓手。云计算堪称是基础设施的基础设施，不只是计算的中心化，也是技术资源的中心化，AI（人工智能）、大数据、IoT（物联网）、元宇宙等技术落地到各行各业都需要云计算作为基础支撑。然而，当面对海量数据云端计算、数据实时处理与反馈、云与端通信异常等方面的挑战，云计算模式存在天然瓶颈，需要建立新的模式来突破。

随着万物互联时代到来，计算需求出现爆发式增长。越来越多的设备开始连接到网络，传统云计算架构无法满足这种爆发式的海量数据计算需求，将云计算的计算、存储能力下沉到边缘侧、设备侧，并通过中心进行统一交付、运维、管控，将是重要发展趋势；未来，很大部分数据将在边缘侧进行分析、处理与存储，这为边缘计算的发展带来了充分的场景和想象空间。

边缘计算（edge computing），是指在靠近物或数据源头的一侧，部署边缘节点，采用网络、计算、存储、应用核心能力为一体的开放平台，就近提供最近端服务，核心理念是将数据的存储、传输、计算和安全交给边缘节点来处理，其应用程序在边缘侧执行服务，可以实现更快的网络服务响应，具备更优的数据吞吐能力，提供更高的网络可靠性，满足各行业在实时业务、应用智能、安全与隐私保护等方面的需求。

边缘节点连通着云端与终端，由“云、边、端”3个部分组成云边端架构：“云”是传统云计算的中心节点，也是边缘计算的管控端；“边”是云计算的边缘侧，分为基础设施边缘（infrastructure edge）和设备边缘（device edge）；“端”是终端设备，如智能终端、网络终端、各类传感器、摄像头等。随着云计算能力从中心下沉到边缘，将推动形成“云、边、端”一体化的协同计算体系（图1-1、图1-2）。

可以说，云边端架构是云计算架构的延伸，两者各有其特点：云计算能够把握全局，处理大量数据并进行深入分析，在产业决策等非实时数据处理场景发挥着重要作用；边缘计算侧重于局部，能够更好地在小规模、实时的智能分析中发挥作用，如满足局部企业的实时需求。因此，在智能应用中，云计算更适合大规模数据的集中处理，而边缘计算可以用于小规模的智能分析和本地服务。边缘计算与云计算相辅相成、协调发展，将在更大程度上助力行业的数字化转型。

虽然云边端架构目前主要应用在制造、零售、物流、交通、养殖等特定行业中，由嵌入式物联网系统提供离线或分布式能力，但随着边缘计算拥有越来越成熟和专业的计算资源及越来越多的数据存储，未来云边端架构或许将成为主流部署。具体来看，云边端架构的优势及相应的应用场景主要有以下3点。

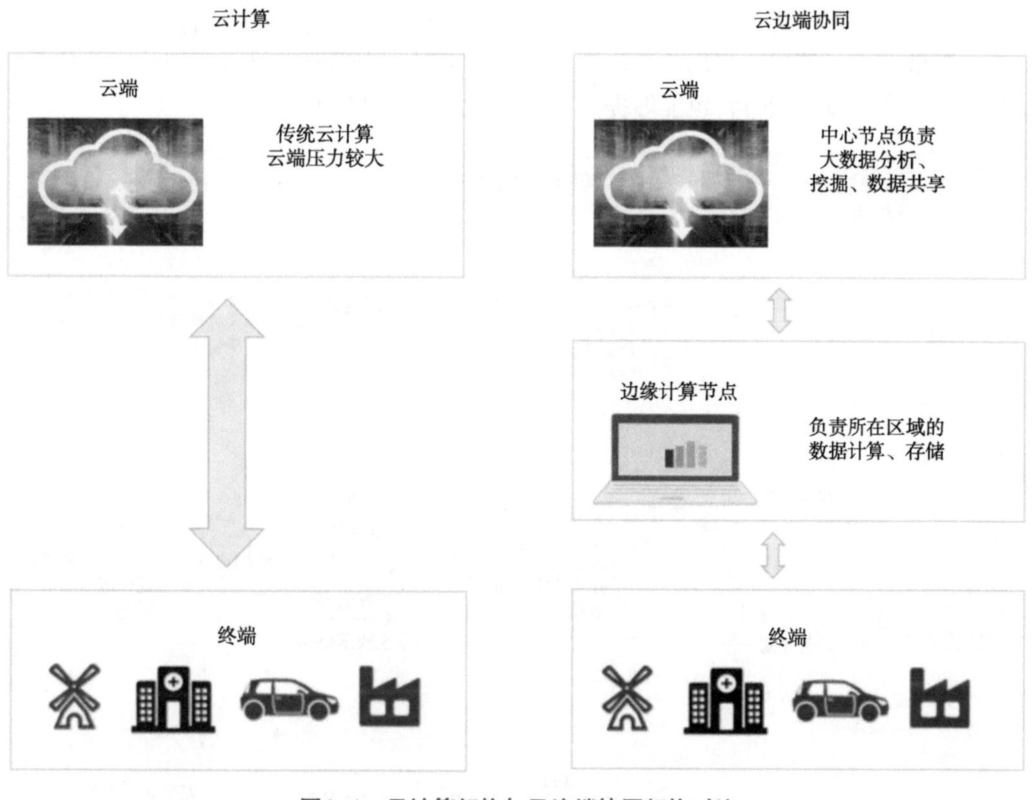

图1-1 云计算架构与云边端协同架构对比

（1）数据处理与分析的快速、实时性。边缘节点距离数据源更近，数据存储和计算任务可以在边缘计算节点上进行，更加贴近用户，减少了中间数据传输的过程，从而提高数据传输性能，保证实时处理，减少延迟时间，为用户提供更好的智能服务。在自动驾驶、智能制造等位置感知领域，快速反馈尤为重要，云边端协同架构可以为用户提供实时性更高的服务。云边端协同架构的实时性优势对于预测性维护也有重要价值，有助于通过分析设备实时监测数据，预测设备可能出现的故障，提出故障原因和解决方案，使维护更加智慧化。

（2）安全性。由于边缘节点只负责自己范围内的任务，数据的处理基于本地，不需要上传到云端，避免了网络传输过程带来的风险，因此数据的安全可以得到保证。一旦数据受到攻击，只会影响本地数据，而不是所有数据。学术界对边缘节点在安全监视领域中的应用持比较乐观的态度，安全监视在实时性、安全性等方面都有较高的要求，必须及时发现危险并发出警报。基于边缘计算的数据处理在实时性要求高、网络质量无法保证、涉及隐私的场景中可以提供更好的服务。

（3）低成本、低能耗、低带宽成本。由于数据处理不需要上传到云计算中心，云边端协同架构不再需要使用太多的网络带宽，随着网络带宽的负荷降低，智能设备的能源消耗在网络的边缘将大大减少。因此，云边端协同架构可以助力企业降低本地设备处理数据的成本与能耗，同时提高计算效率。随着云计算、大数据、人工智能、区块链等技术发展，视频直播等高带宽应用的迅猛发展，在有限的带宽资源面前，可以利用边缘计算来降低成本。例如，当用户发出视频播放请求时，视频资源可以实现从本地加载的效果，在节省带宽的同时，也能够提高用户体验质量，降低时延。

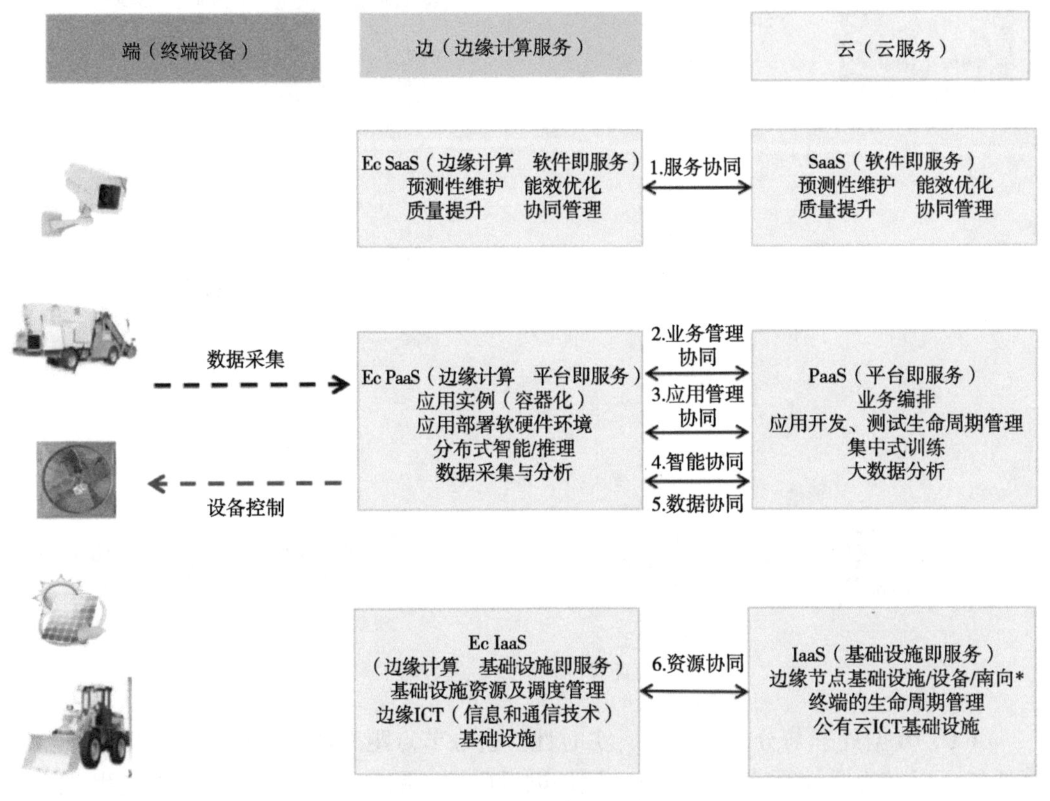

图1-2　云边端协同架构

注：*南向（southbound）一般指网络架构的下层接口或协议，用于连接网络设备、基础设施和终端设备等底层物理设备。南向接口主要负责数据包的转发和管理，实现底层网络设备和上层网络应用的通信和交互。具体包括：设备发现和注册、资源分配和配置、状态监控和管理、安全保障和审计。

1.2.4　云边端协同的奶牛智慧养殖

养殖行业的共同特点是其生产场区远离市区，光纤及宽带网络极易发生事故性中断，普遍网络质量差、网速较低，无法满足生产过程中实时云端交互的通用型业务需求。由于养殖过程大多数业务在场内交互完成，所以在数据源头的牧场区域，采用网络、计算、存储、应用核心能力为一体的开放平台，就近提供最近端服务，可以产生更快的网络服务响应，具备更优的数据吞吐能力，提供更高的网络可靠性。

奶牛智慧养殖云边端协同架构包括云端、边缘端、采集终端、业务终端和管理体系（图1-3）。

云端：以租用云服务和自建云服务的方式提供基础计算、存储、网络及安全服务，提供智慧养殖奶牛数据中台及业务中台服务；提供针对云边交互的数据同步服务、数据分析服务、数据管控服务、数据ETL（数据仓库技术）服务、流数据接入服务以及元数据构建服务；提供针对云端交互的数据接口服务、数据检索服务、智能计算服务、业务分析服务、业务推送服务、数据加密服务、可视化服务、流媒体服务等，对外提供云服务安全认证及标准化资源访问接口。

边缘端：在实际生产单位如圈舍内外、青贮窖、TMR配制区、奶厅区、犊牛岛等部署边缘计算节点及边缘计算网络，实现数据质量控制、AI分析、视频转码、节点感知、离线计算、数据汇聚/转发、离线预警等，针对终端设备提供开放式高兼容数据及控制接口，实现低时延、低带宽、低成本、高效率、高可用、高安全的边缘计算服务。

终端包括养殖场采集终端以及场内外的业务终端。

采集终端包括智慧养殖环控终端、视频设备、奶厅设备、AI识别设备、人脸认证设备、手持终端设备、水电设备、其他数字化终端设备、耳标/栏标/设备标签。

业务终端包括PC/大屏端、微信端、App端，以及饲料、养殖、物流、奶厅、门店、培训等业务终端。场内的业务终端与边缘计算节点交互，场外的业务终端与云平台直接进行业务交互。

管理体系：即平台监管，智慧养殖奶牛平台通过云边端协同，实现“云、边、端”多级预测性维护，能效优化和协同管理。

端（采集终端）
环控终端　视频设备　奶厅设备
AI识别设备　人脸认证设备　手持终端设备
水电设备　其他数字化终端设备　耳标/栏标/设备标签
PC/大屏端　微信端　App端
饲料　养殖　物流
奶厅　门店　培训
端（业务终端）
边（边缘端）
开放式高兼容边端接口 MODBUS/SOCKET/RTSP/RPC/UART/SNMP
奶牛养殖全业务链联动监管决策
数据质量控制　AI分析/视频转码　节点感知　低时延　低带宽
离线计算　数据汇聚/转发　离线预警　低成本　高效率
边缘计算节点　边缘计算网络　高可用　高安全
标准化生产　智能化风控预警
可量化自动工单　可视化数据
实时成本效益　信息化生产辅助
管（管理体系）
云（云端）
云服务安全认证+标准化资源访问接口
云边交互服务：数据同步服务　数据分析服务　数据管控服务　数据ETL服务　流数据接入服务　元数据构建服务
云端交互服务：数据接口服务　数据检索服务　业务推送服务　可视化服务　智能计算服务　业务分析服务　数据加密服务　流媒体服务
数据中台　业务中台
生产过程数据　大数据量传感数据流计算　文件数据　流计算　批量计算　实时计算　流媒体网络　态势感知
MySQL关系数据库　MongoDB NoSQL数据库　CEPH文件存储　机器学习　任务调度　智能计算　业务数据网络　安全防护
基础存储平台　基础计算平台　基础网络平台　基础安全平台
基础云平台

图1-3　云边端协同智慧养牛

参考文献

班洪赟，周德，田旭，2017. 中国奶业发展情况分析：与世界主要奶业国家的比较[J]. 世界农业（3）：11-17.

曹丽丽，2020. X市政府在奶业一体化发展中的作用研究[D]. 呼和浩特：内蒙古大学.

邓明基，2019. 基于MEMS传感器的奶牛姿态识别研究[D]. 重庆：重庆邮电大学.

高学杰，2022. 高产奶牛养殖技术要点与疾病防控[J]. 畜禽业，33（3）：128-130.

何东建，刘东，赵凯旋，2016. 精准畜牧业中动物信息智能感知与行为检测研究进展[J]. 农业机械学报，47（5）：231-244.

黄小平，2020. 基于多传感器的奶牛个体信息感知与体况评分方法研究[D]. 合肥：中国科学技术大学.

康熙，刘刚，初梦苑，等，2022. 基于计算机视觉的奶牛生理参数监测与疾病诊断研究进展及挑战[J]. 智慧农业（中英文），4（2）：1-18.

李道亮，2012. 农业物联网导论[M]. 北京：科学出版社.

励汀郁，熊慧，王明利，2022. “双碳”目标下我国奶牛产业如何发展：基于全产业链视角的奶业碳排放研究[J]. 农业经济问题（2）：17-29.

栗慧卿，孙志民，钟波，等，2022. 我国养牛业机械化现状及发展趋势[J]. 农业装备与车辆工程，60（1）：6-9.

刘秀娟，2021. 中国奶业发展策略研究[D]. 保定：河北农业大学.

邱建飞，李晨光，李亚敏，2012. 奶牛体征参数监测系统设计[J]. 农机化研究，34（1）：107-110.

冉敏芳，2020. 不同养殖模式下奶牛饲料成本和养殖经济效益的分析[J]. 饲料研究，43（12）：170-172.

苏保全，李建国，高艳霞，2013. 河北省与国外先进奶业发展状况比较研究及奶业可持续发展的战略思考[J]. 北方牧业（2）：14-15.

滕光辉，2019. 畜禽设施精细养殖中信息感知与环境调控综述[J]. 智慧农业，1（3）：1-12.

汪开英，赵晓洋，何勇，2017. 畜禽行为及生理信息的无损监测技术研究进展[J]. 农业工程学报，22（20）：197-209.

王俊，张海洋，赵凯旋，等，2018. 基于最优二叉决策树分类模型的奶牛运动行为识别[J]. 农业工程学报，34（18）：210-218.

韦人，徐平，孙红玲，等，2015. 北方地区散栏式规模奶牛场的管理[J]. 中国畜牧，1：81-82.

吴瑞辉，2010. 奶牛体征参数处理系统设计[D]. 保定：河北农业大学.
熊本海，罗清尧，庞之洪，2003. 网络远程交互畜禽饲料配方设计系统的研制[J]. 畜牧兽医学报，34（5）：447-451.
徐文娇，董彦君，董玉兰，等，2017. 不同年龄段奶牛临床参数和血常规生理指标调查分析[J]. 中国兽医杂志，53（10）：28-30.
杨敦启，夏建民，2019. 中国奶业竞争力提升行动的实践与思考[J]. 中国畜牧业，3：16-17.
余文莉，李欣，赵慧秋，等，2019. 智能奶牛场建设浅析[J]. 中国奶牛（10）：50-54.
张英桥，2015. 射频识别和活动量检测技术在奶牛场管理中的应用[D]. 天津：天津理工大学.
赵春江，2019. 智慧农业发展现状及战略目标研究[J]. 智慧农业，1（1）：1-7.
赵凯旋，2017. 基于机器视觉的奶牛个体信息感知及行为分析[D]. 杨凌：西北农林科技大学.
郑艳欣，钱东平，霍晓静，等，2010. 基于NRF24E1无线奶牛体温数据采集系统设计[J]. 农机化研究，32（3）：104-107.
中国农业年鉴编委会，2018. 中国奶业年鉴2017[M]. 北京：中国农业出版社：54-55.
ALSAAOD M，RÖMER C，KLEINMANNS J，et al.，2012. Electronic detection of lameness in dairy cows through measuring pedometric activity and lying behavior[J]. Applied Animal Behaviour Science，142（3-4）：134-141.
GILLESPIE J，FLANDERS F，2009. Modem livestock & poultry production[M]. Boston：Cengage Learning.
HANDCOCK R N，SWAIN D L，BISHOP-HURLEY G J，et al.，2009. Monitoring animal behaviour and environmental interactions using wireless sensor networks，GPS collars and satellite remote sensing[J]. Sensors，9（5）：3586-3603.
JACOBS J A，SIEGFORD J M，2012. Invited review：The impact of automatic milking systems on dairy cow management，behavior，health，and welfare[J]. Journal Dairy Science，95（5）：2227-2247.
JIAN W，HANQUN Z，JIAXIN X，et al.，2011. Radio frequency-based body temperature and walking steps monitor of dairy cow[C]. 2011 International Conference on Computer Distributed Control and Intelligent Environmental Monitoring. Changsha，China. IEEE：249-252.
JÓNSSON R，BLANKE M，POULSEN N K，et al.，2011. Oestrus detection in dairy cows from activity and lying data using on-line individual models[J]. Computers and Electronics

in Agriculture，76（1）：6–15.

KAWONGA B S，CHAGUNDA，GONDWE，et al.，2012. Use of lactation models to develop a cow performance monitoring tool in smallholder dairy farms[J]. Archives of Animal Breeding，55（5）：427–437.

LOVENDAHL P，CHAGUNDA M G G，2010. On the use of physical activity monitoring for estrus detection in dairy cows[J]. Journal of Dairy Science，93（1）：249–259.

第二章　智慧牧场四维实景

2.1　智慧牧场概述

智慧牧场核心是开展奶牛数字化养殖。通过物联网、大数据、人工智能及现代化奶牛养殖技术，对牧场从养殖环境、设备、生产过程以及奶牛个体生物特征进行数字化表征，实现智能生产监管决策。

2.2　智慧牧场的物联网技术

物联网技术是数字化信息技术产业的第三次革命。智慧牧场物联网技术的原理是以信息传感设备为载体，按照事先约定的协议，将智慧牧场里任何物体与网络相连接，物体通过信息传播媒介进行信息交换和通信，以实现智能化识别、监测、采集等功能。智慧牧场主要涉及的物联网技术包括传感器技术、射频识别技术（RFID）、计算机视觉技术、红外热成像技术、超声检查技术、声音技术等。图2-1列举了物联网技术在奶牛智慧养殖中的应用。

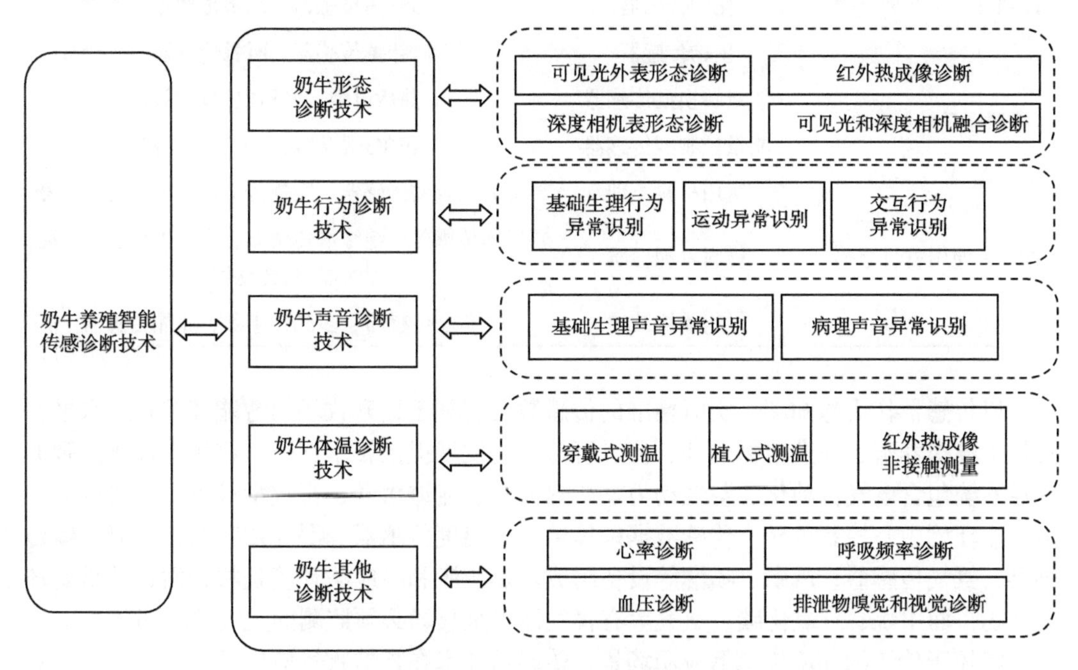

图2-1　物联网技术在奶牛智慧养殖中的应用

2.2.1 传感器技术

牧场环境对奶牛生产性能、福利健康等有着极大的影响，其中最为重要的环境因素包括温度、湿度、光照、风速、二氧化碳浓度、硫化氢浓度、甲烷浓度等。适宜的环境有利于奶牛保持良好的健康状态，维持较高的泌乳性能，不适宜的环境不仅会导致奶牛生产性能下降、抗病能力降低，严重时还会直接致病。奶牛养殖适宜的环境温度为10～20℃，当环境温度超过26℃时便会出现热应激反应，采食量会显著下降，超过40℃将降低为正常采食量的40%。

传感器作为一种获取和转换信息的装置，由敏感元件和转换元件组成。传感器可以感受到被监测对象的温度、湿度、二氧化碳浓度等信息，并按照一定规律变换为电信号或者其他所需形式输出，以满足信息的传递、存储、显示、记录等要求。常见传感器见表2-1，这些传感器既可测量所在周边环境中的热、红外、声呐、雷达等信号，也可测量温度、湿度、有害气体、重力、速度、方向等环境理化指标。功耗低、功能强、灵敏度高、稳定性好、精准度大的传感器已被广泛应用于智慧牧场。

表2-1　传感器的分类

分类方法	类型	名称
按照被测参量分类	机械量参量	位移传感器、速度传感器
	热工参量	温度传感器、压力传感器
	物性参量	pH传感器、氧含量传感器
按照其工作原理分类	物理传感器	电容式传感器、光电传感器
	化学传感器	气体传感器、温敏传感器
	生物传感器	味觉传感器、听觉传感器
按照能量转换分类	能量转换型传感器	热敏电阻、光敏电阻传感器
	能量控制型传感器	霍尔式传感器、电容传感器
按照其使用材料分类	所用材料类别	金属聚合物传感器、陶瓷传感器、混合物传感器
	材料物理性质	导体传感器、绝缘体传感器、半导体传感器、磁性材料传感器
	材料晶体结构	单晶传感器、多晶传感器、非晶传感器

以传感器作为感知端，实时精准的传感数据有利于提升牧场的智能环控管理水平，为奶牛健康养殖、提升动物福利、促进可持续化发展提供技术保障。牧场现代化的智能环控系统包含电气自动化、空气动力学、热力学、流体力学、畜牧学等不同学科内容，由智能环境中心控制单元、传感数据采集单元、温度传感器、湿度传感器、二氧化碳传感器、氨气传感器、风扇、喷淋等设备组成。热应激和冷应激环境是牧场面临的重要环境问题，而甲烷、二氧化碳、氨气等有害气体也是牧场必须监测的关键环境因子。

相较于传统的环境传感器应用场景，传感器技术在智慧牧场应用场景下，需要针对以下场景进行重点优化。

（1）在奶牛养殖生产过程中，夏季牛舍内温湿度高，出于生物安全考虑，牛舍内传感器及部署在牛舍内的传感数据采集单元以防水性能好为关键，传感器及电路设备也有同样要求，且需要处理好线路接口处的防水。

（2）由于牛舍内的有害气体与高湿度的环境结合会对场内设备产生高腐蚀性影响，传感器及部署在牛舍内的传感数据采集单元本身和对应的配套强弱电是设备防护重点，所以采用防水、抗腐蚀传感器及电路设备能极大提升设备的使用年限，降低后续的运维成本。

（3）牛舍面积大，一个点位的传感数据无法真实反映实际环境状况，同时传感器在恶劣环境中长时间使用，会存在发生故障的可能性，可能会出现数据误报的情况。所以，环境传感器一般采用舍内悬空吊装的方式安装，以尽可能靠近牛群且不被啃咬为前提，尽量部署在牛舍的中心、出风口等位置，多套传感器分散部署，远离墙壁、出入口、加热器、水帘、通风口等设备设施。

随着规模化牧场现代化、智能化、福利化、可持续化的不断发展，精准高效的传感器技术应用越来越广泛。除环控系统外，目前应用较广的还包括：监测个体体温的体温传感器、监测个体行为的加速度传感器、TMR配料车或牛称重的称重传感器等。随着传感器技术的持续进步，未来的奶牛养殖生产中，传感器将越来越多地替代人工感知甚至全面替代人工感知。

2.2.2　射频识别技术（RFID）

射频识别技术（RFID）是一种非接触式的自动识别技术，其基本原理是利用射频信号的空间耦合及反射的传输特性，自动实现对需要识别物体的识别。RFID系统通常由电子标签、读写器、后端服务器组成。一个典型RFID系统示意图如图2-2所示。在RFID系统中，电子标签也称应答器、数据载体，由天线和芯片组成。标签通常没有微处理器，仅由数千个逻辑门电路组成，是RFID系统中真正的数据载体。读写器也称扫描器、读出装置。它实现与标签之间的相互通信，同时受主机系统的控制。读写器通过网络与其他计算机系统进行通信。根据具体应用环境，可将读写器设计为手持式或固定式。后端服务器的功能是存储和管理系统数据信息，这些信息包含所有标签以及实际应用系统的有关信息。

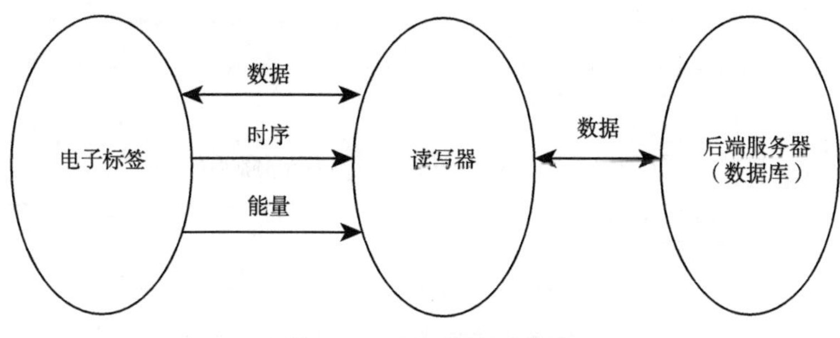

图2-2　RFID系统示意图

目前，RFID设备按其使用频率可以分为低频、高频和超高频3种类型。RFID识别具有识别间距远、读取率高、防干扰能力较强等特点。在现代化牧场的奶牛个体识别、设备巡检、溯源追踪、物料管理等方面有着广泛的应用，可实现奶牛全生命周期的信息追踪。在奶牛个体信息追踪过程中，RFID设备主要有可穿戴式设备（项圈或者腿环）和电子耳标。项圈中还可以植入定位技术，检测动物的运动、位置信息。RFID电子标签的主要优势在于该技术以条码的形式出现且一牛一码，易于辨别。如RFID技术在奶牛自动称重的应用，首先通过牛只RFID电子标签识别牛只信息，奶牛在称重区进行称重，将获取到的重量信息与牛只信息进行绑定，即可完成自动称重。解决了以往称重的许多干扰问题，实现了奶牛体重数据的自动采集、远距离传输，可靠性高、保密性强。RFID技术也被用在奶牛产奶信息的动态监测中，牧场通过在相应的挤奶设备的入口处放置一个RFID应答器，配合奶牛项圈或者电子耳标等所记录的编号，与挤奶设备的程序相关联，可以实时监测并记录每一头奶牛的产奶量，实现对牧场产奶信息的动态监测，提高牧场的精细化管理水平。

2.2.3 计算机视觉技术

计算机视觉技术最早是根据人类视觉系统、相机、投影及摄影测量法等基本原理进行的计算机视觉图像处理。近几十年来，计算机视觉技术在模式识别、机器学习与深度学习、计算机图形学、3D重构、虚拟现实与增强现实等领域迅速发展。计算机视觉技术作为人工智能的核心技术在农牧业领域得到了广泛的应用，具有直观、非接触式、高效安全等优点。奶牛智慧养殖过程中，计算机视觉技术不仅具有监控作用，而且承载着智能视觉识别及应用的前端信息采集作用，如奶牛身份识别、牛只行为监测、体况评定、疾病监控、人脸识别、人行为监测等。图2-3是一种基于计算机视觉技术的奶牛体况评定方法流程图。表2-2分别列举了基于计算机视觉技术在奶牛身份识别方面的应用工作。

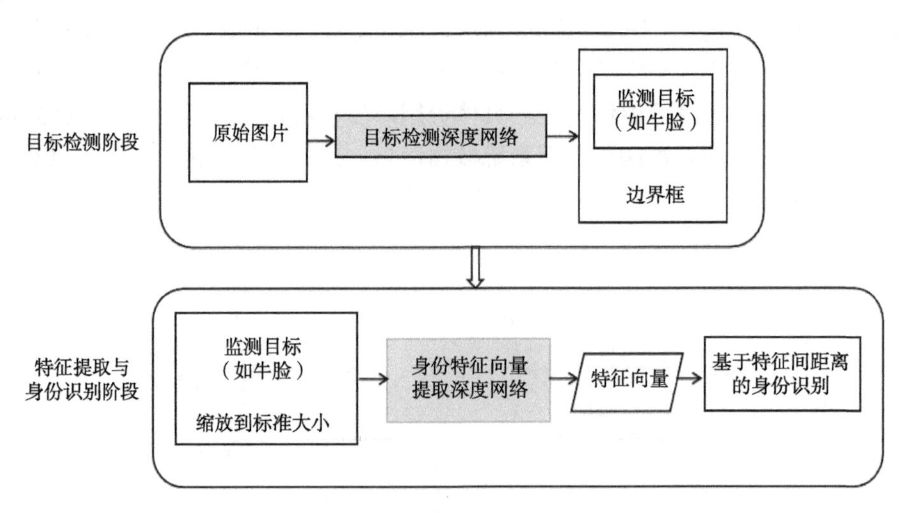

图2-3　一种基于计算机视觉技术的奶牛体况评定方法流程图

表2-2　计算机视觉技术在奶牛身份识别方面的应用

方法	数据规模*	数据类型	识别准确率（%）	参考文献
Gabor+SVM	217（31）	鼻纹图片	99.50	Tharwat等
加速鲁棒特征+支持向量机	217（31）	鼻纹图片	100.00	Ahmed等
Gabor+局部二进制模式+支持向量机	217（31）	鼻纹图片	100.00	Kusakunniran等
限制对比度自适应直方图均衡化+尺度不变特征变化+k近邻	475（51）	鼻纹图片	98.06	王锋等
视觉比较	2 266（869）	视网膜血管图片	98.30	Allen等
尺度不变特征变化+特征包	90（18）	正常虹膜图片	98.15	Sun等
2D复小波变换	60（6）	正常虹膜图片	98.33	Lu等
2D线性判别分析	45（9）	非完整或形变虹膜图片	100.00	魏征
加速鲁棒特征+局部二进制模式	1 200（20）	脸部图片	92.50	Kumar等
独立成分分析+支持向量机	3 000（300）	脸部图片	95.87	Kumar等
Zernike矩+二次判别分析	298（10）	尾部图片	99.70	Li等
分数级融合	523（16）	背部视频	84.20	Okura等
加速段检测特征+尺度不变特征变化+快速最近邻搜索包	528（66）	侧面视频	96.72	Zhao等
YOLO	958（93）	侧面图片	98.36	Hu等
视觉几何组网络	4 923（268）	鼻纹图片	98.70	Li等
单步多框检测器	940	背部图片	96.40	邢永鑫等
LeNet5	21 730（30）	躯干图片	90.55	赵凯旋等
深度置信网络+卷积神经网络	4 000（400）	鼻纹图片	98.99	Bello等
AlexNet	3 772（13）	侧面图片	97.95	Li等
基于树的卷积神经网络	7 000（50）	脸部图片	99.85	Weng等
卷积神经网络+残差神经网络	2 792（70）	脸部图片	95.10	朱敏玲等
长期递归卷积网络	160（23）	背部视频	98.13	Andrew等
长期递归卷积网络	516（41）	后视视频	91.00	Qiao等
长期递归卷积网络	18（6）	背部视频	100.00	Andrew等
双向长短期记忆网络+卷积神经网络	363（50）	后视视频	93.30	Qiao等
掩膜区域卷积神经网络	3 000	多视角图片	100.00#（AP）	李昊玥等

（续表）

方法	数据规模*	数据类型	识别准确率（%）	参考文献
YOLOv4	6 486（71）	脸部图片	93.68#（mAP）	杨蜀秦等
单步多框检测器	3 057（195）	尾部图片	99.76	Hou等
掩膜区域卷积神经网络	1 047（58）	多视角图片	85.45	Chen等
YOLOv5	2 900（300）	鼻纹图片	99.50#（mAP）	Dulal等
Faster R-CNN	130 000（3000）	脸部图片	91.30#（mAP）	Chen等
YOLOv5	281（102）	脸部视频	84.00	Dac等
掩膜区域卷积神经网络	8 640（48）	背部图片	98.67#（P）	Xiao等

注：*括号内表示牛数量，括号外表示图片或视频数量；

#代表非准确率，P代表精度，AP代表平均精度，mAP代表平均精度均值。

总之，我国规模化牧场养殖经历了完全人为控制、无感于外部信息的机械化阶段，目前多处于通过传感器等设备实现简单信息反馈与交互的信息化阶段，以状态感知、实时分析、自我决策和精准执行为特征的智能化是下一阶段的发展目标。快速提升现有智能设备和计算机视觉技术开展牛只身份识别、牛只体况无接触监测、疾病自动预警、行为智能感知等工作，构建精准畜牧业智能感知框架，对促进我国畜牧业智能化水平具有深远意义。

2.2.4 红外热成像技术

红外热成像（infrared thermography，IRT）技术的原理是利用目标与周围环境的温度和发射率的差异，产生不同的热梯度，呈现出红外辐射能量密度分布图，即“热图像”。奶牛智慧养殖过程中，红外热成像技术提供了一种非接触式体表测温方式，可实现对奶牛养殖场实时的热成像扫描，监测奶牛个体不同部位的体温变化，然后再对可疑个体进行重点筛查，对了解牛只健康状态、预警乳房炎等疾病、监测发情等生产管理有着重要的作用。同时，运用红外热成像技术测定体温，对动物没有侵害性，且可以减少人工劳力消耗，简化操作过程，减轻动物应激，提升动物福利。基于红外热成像技术的奶牛温度测量，一般先选择奶牛的测温区域作为热窗，通过热窗的温度反演体温，常用热窗一般有眼部、耳后部、乳房、体表等。红外热成像技术用于奶牛体温测量时，设备部署方便，非接触测量不会引起奶牛应激反应与损伤，但是该方法测温效果会受到风速、温湿度、光强等环境因素和测量距离影响，测温精度不高，需要研究相关的线性校正算法。图2-4给出了一种融合环境参数的红外热成像测温技术。表2-3总结了红外热成像技术与其他技术在奶牛体温测定方面的优缺点。

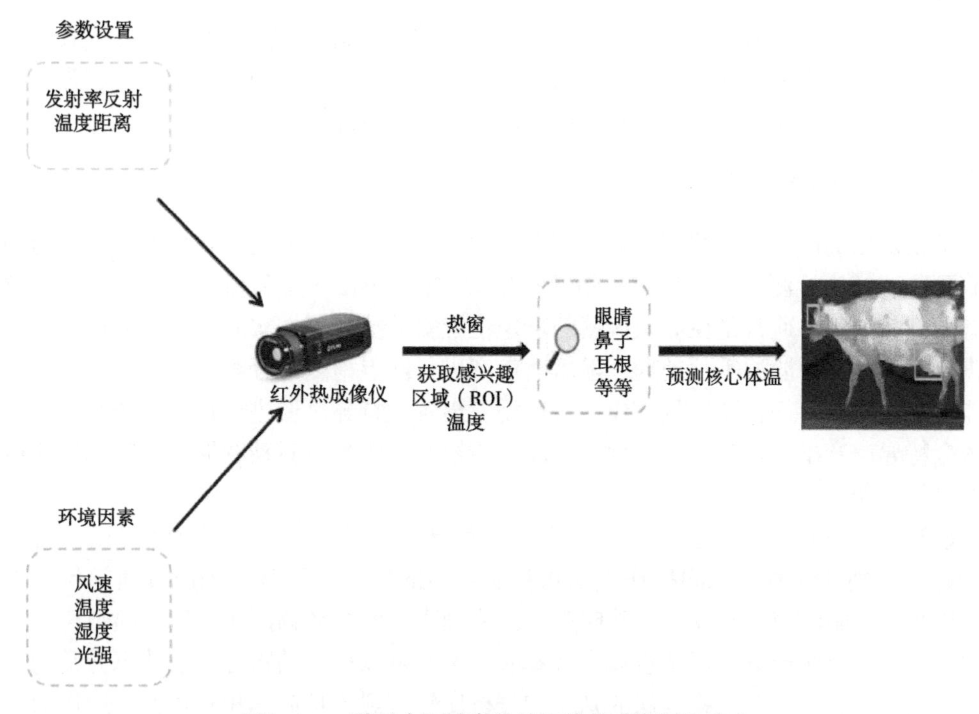

图2-4　一种融合环境参数的红外热成像测温技术

表2-3　红外热成像技术与其他技术在奶牛体温测定方面的优缺点

项目	其他技术（植入或穿戴设备）	红外热成像技术（红外设备）
温度精确程度	较高	较低
针对动物群体	大型、个体	大型/小型、个体/群体
主要测量干扰	设备移位、动物应激	目标定位、环境温度/距离
部署难度	较大	较低
测温区域	较小、不可移动	较大、可移动
设备续航	较短	较长

2.2.5　超声检查技术

超声检查技术主要应用于发情鉴定和生产检测。超声波技术是通过探头发送和接收超声波信号，利用边缘检测、分水岭和阈值分割等算法对超声回波进行适当处理，最终转换成视频信号进入到主机并显示，依据视频中呈现的卵泡发育状态和子宫中胎儿的形态对发情和妊娠情况进行判定。利用腹部或直肠超声，对卵巢卵泡或黄体的大小、卵巢或子宫组织血流动力学信息等进行监测，可准确开展奶牛的发情鉴定，通过孕体超声检查可有效确定妊娠、胎儿性别和死胎等。

母畜妊娠诊断常用的方法有外部观察法、直肠触诊法、超声波诊断法和激素诊断法，超声检查技术由于其操作简便灵活、无创伤、直观地显示动态变化，已成为妊娠早期诊断的主要检查技术，从而提升了养殖效率，避免经济损失。

2.2.6 声音技术

动物发出的声音是其情绪、健康情况判别的重要依据，因此声音技术可用于动物的疾病预警、行为检测、饮食检测、情绪识别等方面。图2-5是利用声音技术对奶牛健康状态的判断流程。通常是在养殖区域的特定位置安放拾音器，实时采集舍内声音，对声音进行背景去噪与滤波等预处理，随后对声音进行断点检测与分帧加窗，提取声音信号的能量频谱密度特征，通过数学模型对动物发出各类特异声音进行自动分类与识别，最终依据特异声音出现的频率、密度、响度、持续时长等参数对动物健康状态或环境适应状态进行判断。

动物发出的声音往往包括正常生理声音和异常声音。正常生理声音可以作为动物生理状态判别的信号，也间接作为动物疾病诊断的依据。正常生理声音通常包括采食声、饮水声、啃咬声、打斗声、鸣叫声等。病理声音包括动物的咳嗽声、喷嚏声、异常呼噜声、应激鸣叫声等。正常生理声音和病理声音可以作为动物健康或状态异常的直接依据。依据声音信号对动物疾病的判断和分析比较直观，且成本相对较低，应用前景广阔。尤其在夜间，布设在智慧牧场内的拾音器可以较好地识别奶牛发出的异常声音，从而有效解放人工劳动力，提高动物养殖福利，降低因疾病导致的养殖损失。

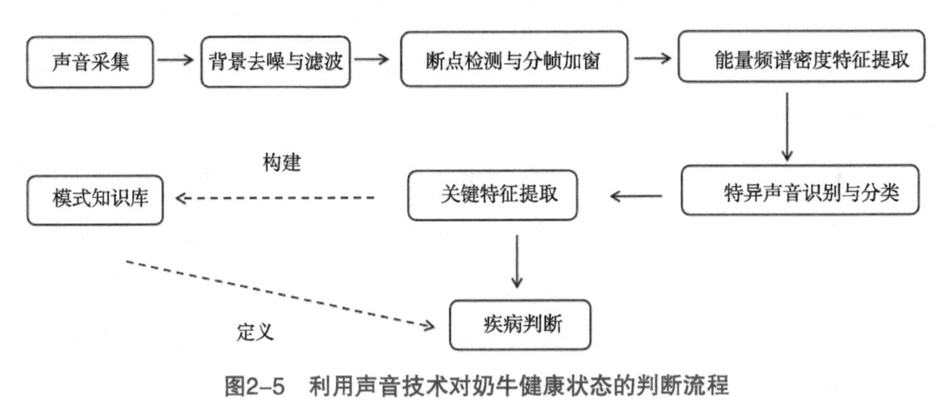

图2-5 利用声音技术对奶牛健康状态的判断流程

2.3 智慧牧场四维实景

智慧牧场四维实景为智慧养牛提供了数据载体。依照数据划分，智慧牧场实景数据包括环境、场景、过程及个体体征4个维度实景数据，为智慧养牛提供了数据支撑。

环境实景。从触觉角度思考，将圈舍内外的温度、湿度、二氧化碳、氨气及硫化氢等环境属性数据称为环境实景。实时采集各类环境实景数据，用于环境控制及生产应激处理。

场景实景。从视觉角度思考，将牛舍内外关键空间场景视频数据称为场景实景。实时采集抽取各类场景数据，用于生产监管、牛只行为分析及异常行为疾病预警。

过程实景。从生产过程流程的角度思考，将生物安全、营养、生产养殖、繁殖、加工、仓储物流、营销、零售到产品全过程实现信息化生产管理，获得的数据称为过程实景。采集过程实景数据，开展智慧养殖，便于牧场开展智能监管及决策。

个体体征实景。从牛只个体角度出发，将牛只个体行为、性状特征等全生命周期的过程信息数据称为个体体征实景。利用耳标、智能脖环等自动检测技术手段，实时采集牛只个体数据，用于牛只的生产健康管理。

从以上4个维度，从个体到群体，从视觉触觉到过程，采集由结构化数据、半结构化数据到非结构化数据构成的四维实景数据，从数据角度实现奶牛场画像的划分覆盖。

2.4　数字孪生技术

数字孪生作为一种新的技术，是近年来的新兴概念，能够实现数据之间的交互融合。

数字孪生是充分利用物理模型、传感器更新、运行历史等数据，集成多学科、多物理量、多尺度、多概率的仿真过程，在虚拟空间中完成映射，从而反映相对应的实体装备的全生命周期过程。数字孪生是一种超越现实的概念，可以被视为一个或多个重要的、彼此依赖的装备系统的数字映射系统。数字孪生包含5个维度：物理实体（PE）、虚拟实体（VE）、连接（CN）、孪生数据（DD）和服务（Ss）（图2-6）。

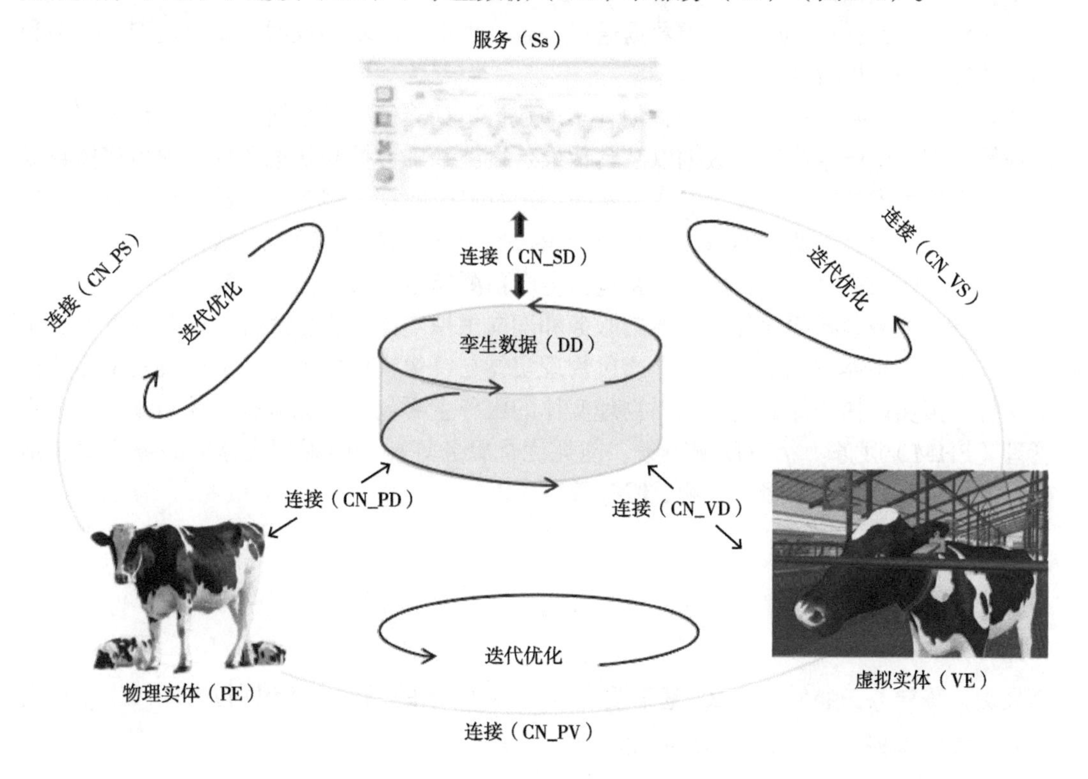

图2-6　数字孪生的5个维度

物理实体：是进行数据孪生的物理实体部件，在智慧牧场数字孪生系统中，包括牧场、圈舍、人员、车辆、牛只、料草库、青贮窖、能源设备、实景设备、识别设备、机电设备、物料、边缘计算节点、智能终端、网络节点、其他场内设施等。

虚拟实体：对于每一个数字孪生的物理实体，都有一个对照物理实体的存在于数字世界中的“数字镜像”，因此，虚拟实体是物理实体在全生命周期中同步存在的镜像形式。数字孪生中的虚拟实体，不仅仅是简单的静态3D模型，3D模型只是虚拟实体的一部分，除视觉上的3D模型以外，还包括物理实体的属性数据、传感数据、行为数据等，物理实体与虚拟实体之间具有实时同步、可靠映射和高保真等特点。在智慧养牛数字孪生系统中，每一个物理实体均存在虚拟实体，通过各种形式的数据采集进行数据交互。

连接：在数字孪生中的连接，既包括物理实体与虚拟实体之间的连接，也包括各部分之间的双向交互连接。智慧养牛数字孪生系统的连接由系统连接器、连接适配器、数据解析服务构成，实现各部分间的实时连接和数据交互。

孪生数据：数字孪生数据包括5个方面。

（1）物理实体数据，主要包括物理实体的实时状态和工作条件。

（2）虚拟实体数据，主要包括虚拟模型参数和虚拟模型运行数据。

（3）服务应用数据，主要包括描述服务的封装、组合、调用的数据。

（4）领域知识数据，主要包括从收集的历史数据中挖掘或从已有的领域知识数据库中获取的领域知识。

（5）融合数据，为以上4类数据通过融合处理得到的基础数据，以及检测、判断和预测的过程和结果数据。

在智慧养牛数字孪生系统中，物理实体数据包括养殖场景数据、生产过程数据、生产环境数据、生产个体体征数据以及其他设备设施基础数据和状态数据。虚拟实体数据包括各实体的虚拟模型、模型参数以及模型运行时的数据。服务应用数据包括智慧养牛服务的封装、组合、调用的数据。领域知识数据包括已有的养殖历史数据、养殖标准数据、疾病治疗数据等。融合数据主要包括生产预测模型和预测结果等数据。

服务：服务包括面向物理实体的服务和面向虚拟实体的服务两种。这些服务通过实时调节使物理实体按预期工作，并通过物理实体与镜像模型的关系校准以及模型参数校准保持虚拟实体的高保真度。面向物理实体的服务主要包括监测服务、故障预测与健康管理（PHM）服务、状态预测服务、能耗优化服务等；面向虚拟实体的服务主要包括模型的构建服务、标定服务和测试服务等。

参考文献

李昊玥，陈桂芬，裴傲，2020. 基于改进Mask R-CNN的奶牛个体识别方法研究[J]. 华南农业大学学报，41（6）：161-168.

龙丽萍，2013. RFID身份认证技术研究[D]. 成都：电子科技大学.

鲁刚强，向模军，2022. 物联网技术在智慧农业中应用研究[J]. 核农学报，36（6）：1293.

彭毅弘，2020. 基于物联网技术的溯源智能称重综合系统设计[J]. 宁波大学学报（理工版），33（2）：41-46.

孙越，李栋梁，张丽丽，等，2022. 热应激对奶牛机体的影响及热应激缓解技术的研究进展[J]. 中国畜牧杂志，58（22）：82-87.

王锋，李琦，2022. 基于局部不变特征的牛只个体唇纹识别方法研究[J]. 黑龙江畜牧兽医，65（2）：48-52.

魏征，2017. 基于全局和局部特征相结合的不完美牛眼虹膜识别技术研究[D]. 南京：东南大学.

邢永鑫，吴碧巧，吴松平，等，2021. 基于卷积神经网络和迁移学习的奶牛个体识别[J]. 激光与光电子学进展，58（16）：503-511.

杨蜀秦，刘杨启航，王振，等，2021. 基于融合坐标信息的改进YOLO V4模型识别奶牛面部[J]. 农业工程学报，37（15）：129-135.

赵凯旋，何东健，2015. 基于卷积神经网络的奶牛个体身份识别方法[J]. 农业工程学报，31（5）：181-187.

赵晓洋，2019. 基于动物发声分析的畜禽舍环境评估[D]. 杭州：浙江大学.

曾诚，王一非，夏荣欣，等，2023. 反刍动物繁殖性状主要表型鉴定的研究进展[J]. 中国科学：生命科学，53（7）：981-988.

朱敏玲，赵亮亮，首杰，2022. CNN与SVM和ResNet相结合的牛脸识别系统模型研究与实现[J]. 重庆理工大学学报：自然科学，36（7）：155-161.

AHMED S，GABER T，THARWAT A，et al.，2015. Muzzle-based cattle identification using speed up robust feature approach[A]. In 2015 International Conference on Intelligent Networking and Collaborative Systems[C].

ALLEN A，GOLDEN B，TAYLOR M，et al.，2008. Evaluation of retinal imaging technology for the biometric identification of bovine animals in Northern Ireland[J]. Livestock science，116（1-3）：42-52.

ANDREW W，GAO J，MULLAN S，et al.，2021. Visual identification of individual Holstein-Friesian cattle via deep metric learning[J]. Computers and Electronics in Agriculture，185：106133.

ANDREW W，GREATWOOD C，BURGHARDT T，2020. Fusing animal biometrics with autonomous robotics：Drone-based search and individual ID of Friesian cattle[A]. 2020

IEEE Winter Applications of Computer Vision Workshops[C].

BAO J，XIE Q，2022. Artificial intelligence in animal farming：a systematic literature review[J]. Journal of Cleaner Production，331：129956-129968.

BELLO R W，TALIB A Z H，MOHAMED A S A B，2021. Deep belief network approach for recognition of cow using cow nose image pattern[J]. Walailak Journal of Science and Technology（WJST），18（5）：8984.

CHEN S，WANG S，ZUO X，et al.，2021. Angus cattle recognition using deep learning[A]. 2020 25th International Conference on Pattern Recognition[C].

DAC H H，GONZALEZ VIEJO C，LIPOVETZKY N，et al.，2022. Livestock identification using deep learning for traceability[J]. Sensors，22（21）：8256.

DULAL R，ZHENG L，KABIR M A，et al.，2022. Automatic cattle identification using YOLOv5 and mosaic augmentation：A Comparative Analysis[C]//2022 International Conference on Digital Image Computing：Techniques and Applications（DICTA）. IEEE：1-8.

HOU H，SHI W，GUO J，et al.，2021. Cow rump identification based on lightweight convolutional neural networks[J]. Information，12（9）：361.

HU H，DAI B，SHEN W，et al.，2020. Cow identification based on fusion of deep parts features[J]. Biosystems Engineering，192（C）：245-256.

KUMAR S，TIWARI S，SINGH S K，2015. Face recognition for cattle[A]. 2015 Third International Conference on Image Information Processing（ICIIP）[C].

KUMAR S，TIWARI S，SINGH S K，2016. Face recognition of cattle：Can it be done?[J]. Proceedings of the National Academy of Sciences，India Section A：PhysicalSciences，86（2）：137-148.

KUSAKUNNIRAN W，WIRATSUDAKUL A，CHUACHAN U，et al.，2018. Automatic cattle identification based on fusion of texture features extracted frommuzzle images[A]. 2018 IEEE International Conference on Industrial Technology（ICIT）[C].

LI G，ERICKSON G E，XIONG Y，2022. Individual beef cattle identification using muzzle Images and deep learning techniques[J]. Animals，12（11）：1453.

LI S，FU L，SUN Y，et al.，2021. Individual dairy cow identification based on lightweight convolutional neural network[J]. Plos One，16（11）：e0260510.

LI W，JI Z，WANG L，et al.，2017. Automatic individual identification of Holstein dairy cows using tailhead images[J]. Computers and Electronics in Agriculture，142（Part B）：622-631.

LIANG W，CAO J，FAN Y，et al.，2015. Modeling and implementation of cattle/beef supply chain traceability using a distributed RFID-based framework in China[J]. Plos One，10.

LU Y，HE X，WEN Y，et al.，2014. A new cow identification system based on iris analysis and recognition[J]. International Journal of Biometrics，6（1）：18–32.

OKURA F，IKUMA S，MAKIHARA Y，et al.，2019. RGB-D video-based individual identification of dairy cows using gait and texture analyses[J]. Computers and Electronics in Agriculture，165：104944.

PASTELL M，FRONDELIUS L，JÄRVINEN M，et al.，2018. Filtering methods to improve the accuracy of indoor positioning data for dairy cows[J]. Biosystems Engineering，169（1）：22–31.

QIAO Y，CLARK C，LOMAX S，et al.，2021. Automated individual cattle identification using video data：a unified deep learning architecture approach[J]. Frontiers in Animal Science，2：759147.

QIAO Y，SU D，KONG H，et al.，2019. Individual cattle identification using a deep learning based framework[J]. IFAC-PapersOnLine，52（30）：318–323.

RUIZ-GARCIA L，LUNADEI L，2011. The role of RFID in agriculture：Applications，limitations and challenges[J]. Computers and Electronics in Agriculture，79（1）：42–50.

STANKOVSKI S，OSTOJIC G，SENK I，et al.，2012. Dairy cow monitoring by RFID[J]. Scientia Agricola，69（1）：75–80.

SUN S，YANG S，ZHAO L，2013. Noncooperative bovine iris recognition via SIFT[J]. Neurocomputing，120：310–317.

THARWAT A，GABER T，HASSANIEN A E，2014. Cattle identification based on muzzle images using gabor features and SVM classifier[A]. International Conference on Advanced Machine Learning Technologies and Applications[C].

WANG X S，ZHAO X Y，HE Y，et al.，2019. Cough sound analysis to assess air quality in commercial weaner barns[J]. Computers and Electronics in Agriculture，160：8–13.

WENG Z，MENG F，LIU S，et al.，2022. Cattle face recognition based on a Two-Branch convolutional neural network[J]. Computers and Electronics in Agriculture，196：106871.

XIAO J，LIU G，WANG K，et al.，2022. Cow identification in free-stall barns based on an improved Mask R-CNN and an SVM[J]. Computers and Electronics in Agriculture，194：106738.

ZHANG C，SHEN W，2011. Application of internet of things in agriculture[J]. Journal of Northeast Agricultural University，18（4）：705-729.

ZHAO K，JIN X，JI J，et al.，2019. Individual identification of Holstein dairy cows based on detecting and matching feature points in body images[J]. Biosystems Engineering，181：128-139.

第三章　奶牛个体信息智能监测

奶牛个体信息是智能化养殖的重要基础。物联网是通过智能传感器、无线射频识别、定位系统等信息传感设备及系统与其他基于机器对机器通信模式的短距无线自组织网络，按照约定的协议，把任何物品与互联网连接起来，进行信息交换和通信，以实现智能化识别、定位、跟踪、监控和管理的一种巨大智能网络。将物联网技术应用到奶牛智慧养殖过程中，可实现奶牛的个体信息实时监测，产生的大量数据对于提升牧场精准化管理、强化奶牛疫病防控、保障奶产业可持续发展具有重要的意义。

3.1　奶牛个体目标识别

奶牛智慧养殖要求感知并获取奶牛的个体信息，因此奶牛个体识别是信息采集、处理和管理的关键技术之一。奶牛智慧养殖系统中，牧场管理者要求对奶牛个体建立档案、信息采集、营养管理和监控，以及产品溯源等，均需对动物个体进行快速准确的身份识别。

3.1.1　基于电子设备的个体目标识别方法

随着电子设备出现，条形码耳标、胃标、异频雷达收发器、RFID技术等电子标号设备纷纷被应用到动物养殖场。条形码耳标是在塑料免疫耳标上添加激光雕刻的二维条形码，用二维条形码阅读器读取编码信息，阅读器与中央数据库相连，可以实现动物识别和溯源。胃标是放在网胃中的无线电发射元件，将无线电识别装置以胶囊的形式让奶牛吞食进体内，当阅读器激活胃标时它就可以发射电子编码。异频雷达收发器使用了无源技术，这种无源的收发器是一种微缩的电子射频装置，可用于家畜或机械的识别、跟踪和盗窃追踪。目前，奶牛个体识别应用最广泛的是RFID技术。RFID技术解决了人工识别所需时间长的问题，广泛用于畜牧业，在奶牛个体识别、产品追溯上发挥着巨大作用。通常采用打电子耳标的方式进行，推荐使用超高频射频识别芯片。射频识别系统通常由射频识别标签、射频识别阅读器和射频识别主机3个部分组成。在奶牛智慧养殖过程中，借助RFID技术，建立奶牛的自动识别和追踪管理系统，不仅能够检测牛只的运动、位置、体温等信息，还可以实时监测并记录每一头奶牛的产奶量和泌乳信息，据此监测奶牛发情和健康问题，有效提高管理水平，实现牧场精细化管理，提高牧场生产效益。但RFID技术需将带有RFID标签的耳标通过穿刺使其贴在牛的耳朵上，所需成本和要求较高，且耳标的损坏和丢失仍旧是个问题。此外，RFID技术还存在着标签内容变化、系统欺骗的可能性高等数据安全问题，这很大程度上限制了RFID技术的应用。

3.1.2 基于计算机视觉技术的奶牛个体目标识别方法

每一头牛有其独特的外部表型特征，包括鼻纹印、视网膜血管、虹膜和身体花纹等（图3-1），奶牛不同部位花纹包括脸部、背部、侧部和尾部（图3-2），通过提取其相应特征，利用计算机视觉技术，可以实现非接触、高效安全的奶牛个体识别。

基于机器学习的奶牛个体识别方法是通过提取目标纹理信息、颜色空间信息或者轮廓信息等能够代表个体身份的信息，运用特征提取算法提取特征并降维处理。常用分类器有自适应提升算法、支持向量机（SVM）等，特征提取算法有韦伯局部描述符、特殊设计的Zernike矩阵、方向梯度直方图特征、尺度不变特征变换特征计算、局部二进制模式等。例如，使用奶牛口鼻图像对奶牛进行身份识别，Gaber等采用WLD算法提取具有鲁棒性的奶牛口鼻部纹理特征，然后使用线性判别分析算法对特征进行降维，构建AdaBoost分类器进行奶牛WLD特征分类从而识别奶牛身份。张满囤等采用HOG特征提取奶牛头部轮廓特征和LBP提取的局部纹理特征融合，并在主成分分析降维后使用SVM分类融合特征。牛侧面图像涵盖有躯干、头部、腿部的花纹，三个部位的花纹既可单独作为特征完成牛个体识别，也可进行多部位特征融合。研究表明，侧视图中对奶牛个体识别的贡献大小依次是躯干、腿部和头部。表3-1列举了几种基于机器学习的奶牛身份识别。这些基于机器学习的奶牛身份识别在小样本条件下能够准确识别，且利用多特征融合可提高识别准确率，但是无法保证大样本条件下达到同样的效果。此外，基于机器学习的奶牛个体识别一般对光照、遮挡等鲁棒性较差，且有时特征不足以表达个体。

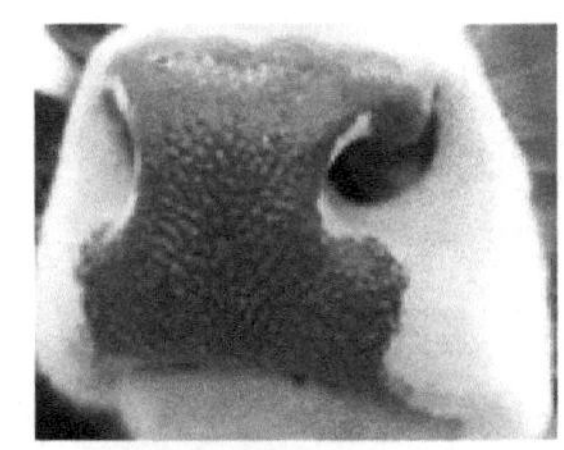
鼻纹印

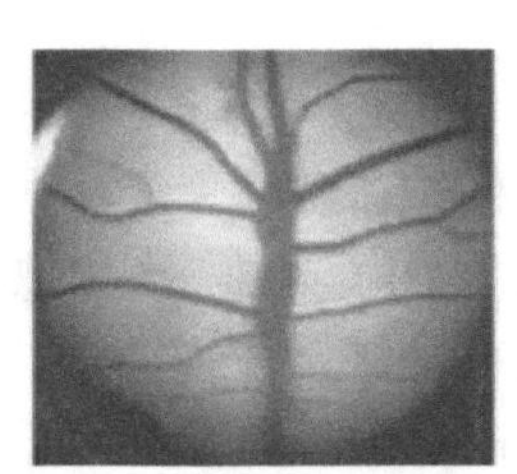
视网膜血管

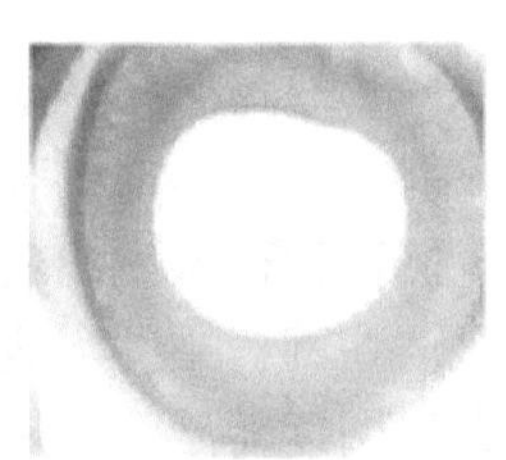
虹膜

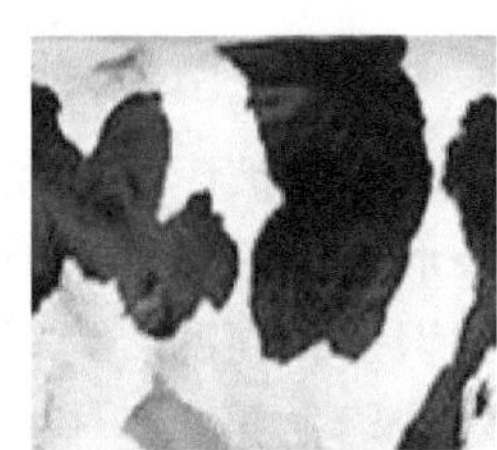
身体花纹

图3-1 奶牛外部表型特征

脸部

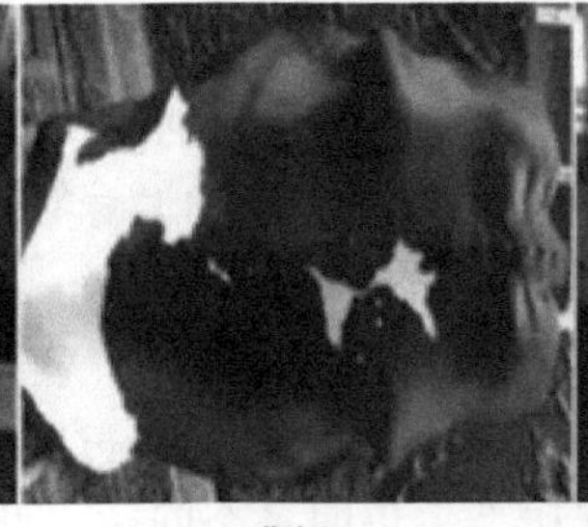
背部

侧部

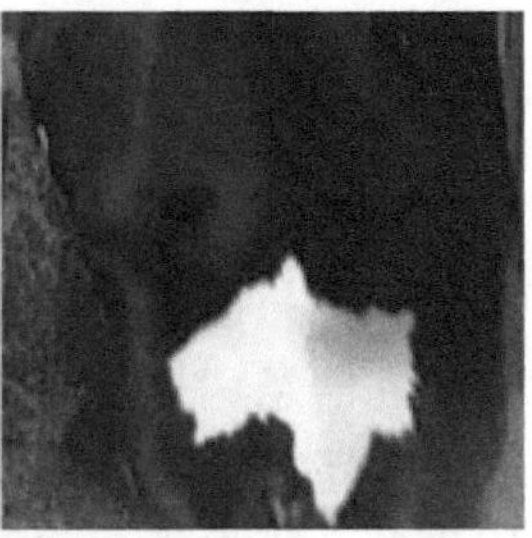
尾部

图3-2 奶牛不同部位花纹

表3-1 基于机器学习的奶牛身份识别方法

数据类型	方法	识别准确率（%）	参考文献
口鼻部图像	WLD+LDA+AdaBoost	99.5	Gaber等
尾根部图像	Zernike Matrices+SVM	99.5	Li等
头部图像	HOG+LBP+SVM	99.7	张满囤等
行走上方红外视频	HOG+SVM	99.0	Jaddoa等
后斜视RGB-D行走视频	SIFT+aligned local matching	90.1	Okura等

3.1.3 基于深度学习的奶牛个体目标识别

深度学习是机器学习中一个新的研究方向，作为实现人工智能的一种方法，深度学习在图像识别方面取得了比以往相关技术更好的效果。神经网络是深度学习的基础，具备从大量数据中进行自动特征提取和拟合的能力。近年来基于神经网络的深度学习涌现出很多算法，其中基于深度学习的目标识别算法目前可分为3类：单阶段（One-Stage）目标识别、双阶段（Two-Stage）目标识别和基于Transformer的目标识别。

单阶段（One-Stage）目标识别：直接在神经网络中提取特征来预测目标分类和位置。以SSD、YOLO为代表。优点是速度快；缺点是精度相对较低，小个体目标识别效果欠佳。

双阶段（Two-Stage）目标识别：首先用传统算法识别生成样本候选区域，再通过卷积神经网络进行样本分类。以R-CNN系列为代表，如Faster-RCNN和Mask-RCNN等。优点是精度相对较高；缺点是速度相对较慢。

基于Transformer的目标识别：引入注意力机制，以Relation Net、DETR为代表。Relation Net利用Transformer对不同目标之间的关系建模，在特征之中加入了目标间的关系信息，达到了增强特征的目的。DETR基于Transformer提出了目标识别的全新架构。

3.1.4 基于云科研平台的奶牛目标识别全流程实践应用

云科研平台提供分别采用单阶段（One-Stage）目标识别、双阶段（Two-Stage）目标识别两种技术的从实验设计、数据采集及预处理、数据标注、数据集构建、模型训练到模型应用的奶牛目标识别应用全流程实践案例。其中单阶段（One-Stage）目标识别采用YOLOv3框架进行；双阶段（Two-Stage）目标识别采用Detectron2框架进行，分别完成Box及MASK奶牛个体目标识别实践。

登录云科研平台（图3-3），进入首页，点击右上角“实验管理”进入“实验管理”页面进行实验框架选择（图3-4），在“实验管理”页面中选择点击“创建实验”按钮来创建一个新的实验，此处以创建一个“牛目标识别全流程实践”为例（图3-5），创建完成后即可看到实验相关信息（图3-6）。

图3-3　云科研平台登录

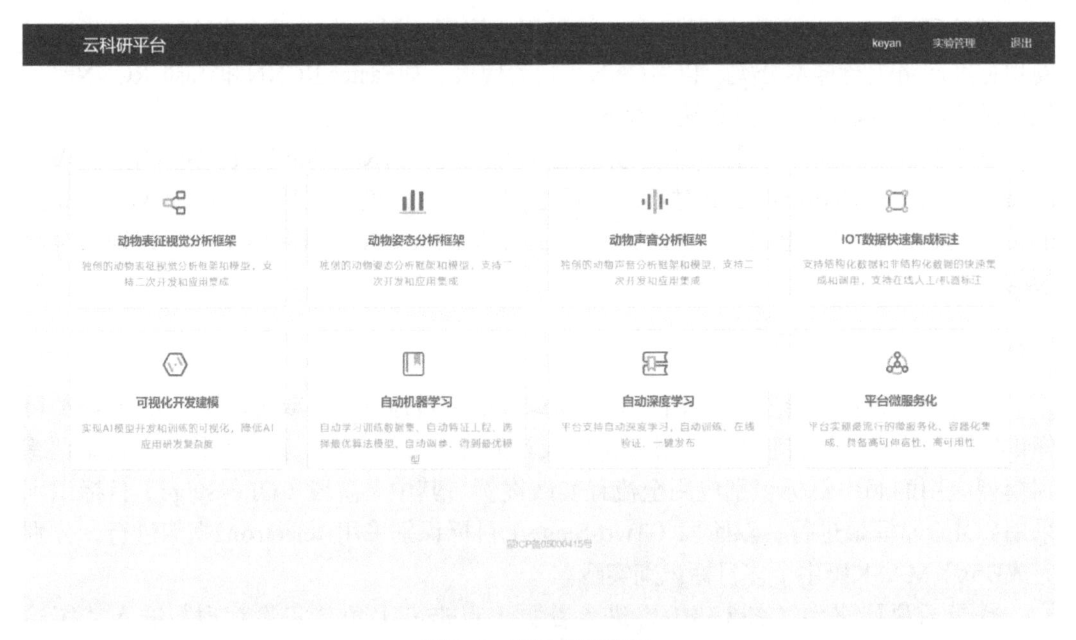

图3-4　实验框架选择

图3–5　创建实验

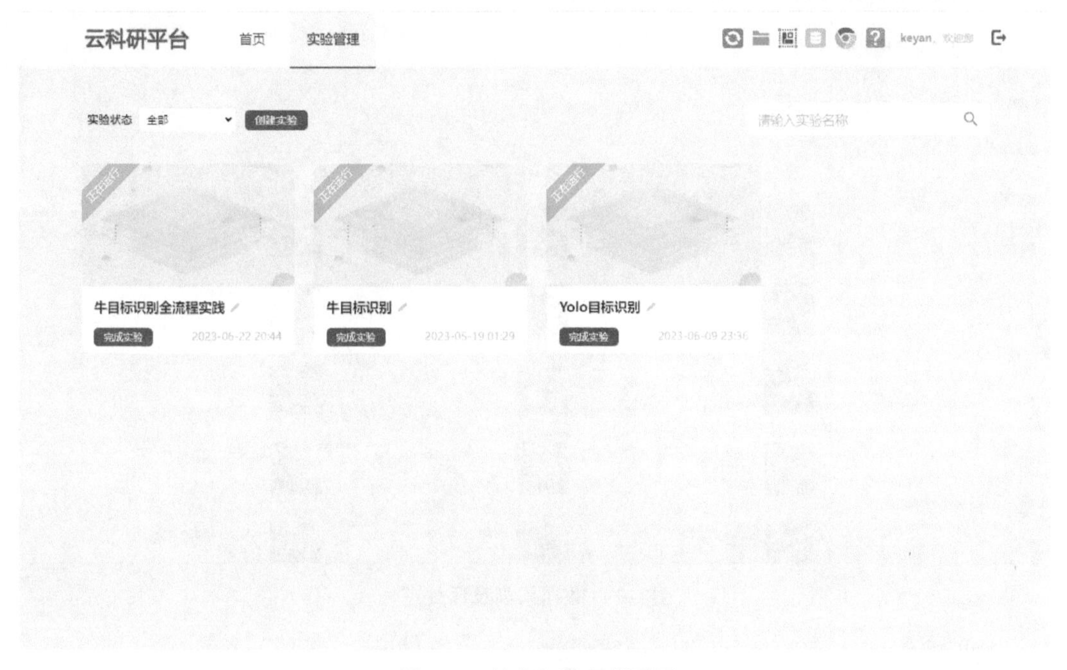

图3–6　创建实验完成页面

进入实验界面，界面显示6个实验流程步骤：实验设计、数据采集及预处理、数据标注、数据集构建、模型训练、模型应用。

步骤1：进行实验设计，完成具体实验细节的设计。

步骤2：进行数据采集及预处理。按实验设计进行数据采集，并将采集的数据导入平台，支持结构化数据和非结构化数据。

步骤3：进行数据标注。针对牛目标识别，将采集的图像数据进行标注，并划分训练集、验证集及测试集。

步骤4：进行数据集构建。对标注数据划分数据集。

步骤5：进行模型训练。按实验设计使用标注数据进行模型训练。

步骤6：进行模型应用。完成模型的使用和识别。

3.1.4.1 实验设计

实验具体内容的设计，包括实验目标、采集图像数量、采集图像角度、采集分辨率、各阶段数量、各场景数量、Box标注数量、Mask标注数量、负样本数量、训练集验证集及测试集比例、模型训练次数、模型使用场景及技术手段等。

3.1.4.2 数据采集及预处理

使用云科研平台配套的线下采集装备进行数据采集，将采集的图像、视频等上载到平台，按需进行文件过滤和视频分割、图片提取、图片格式转换、图片大小调整、图片分辨率转换等数据采集后的预处理操作（图3-7）。

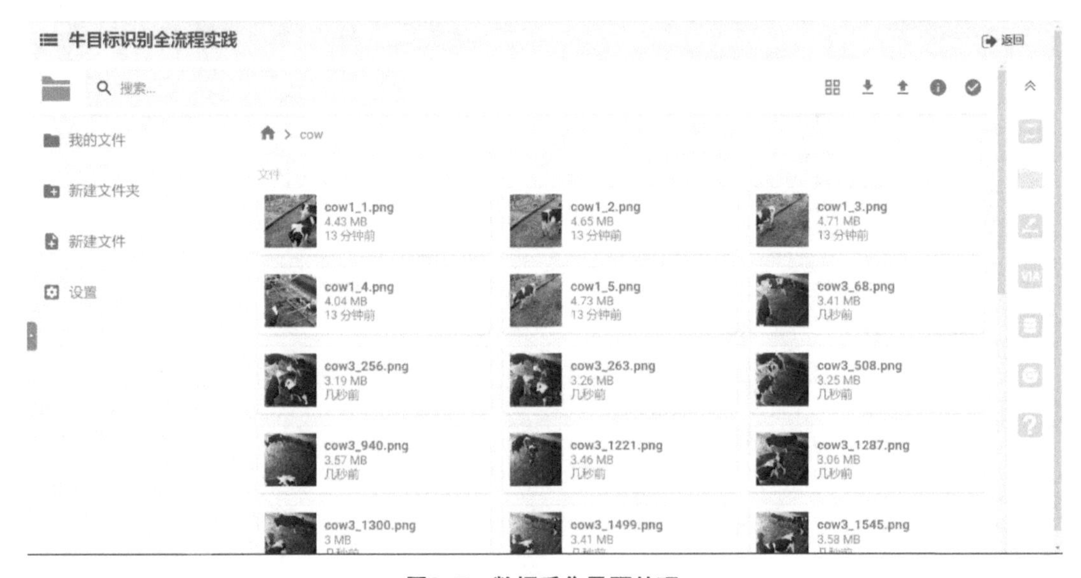

图3-7 数据采集及预处理

3.1.4.3 数据标注

建立针对本次实验数据的标注任务，支持将任务自动分配至多个数据标注人员进行数据标注，完成数据标注后，能生成常见标准数据集格式的标注文件（图3-8）。

图3-8　数据标注文件

3.1.4.4　数据集构建

根据实验设计，采用系统提供的数据集构建功能，对标注数据一键划分训练集、验证集及测试集；如需要非标准数据集，需进行数据集转换。

3.1.4.5　模型训练

包括基于YOLOv3的奶牛目标识别模型训练、基于Detectron2的Faster-RCNN及Mask-RCNN的奶牛目标识别训练。

（1）基于YOLOv3的奶牛目标识别模型训练。基于YOLOv3的奶牛目标识别模型训练过程如图3-9所示。

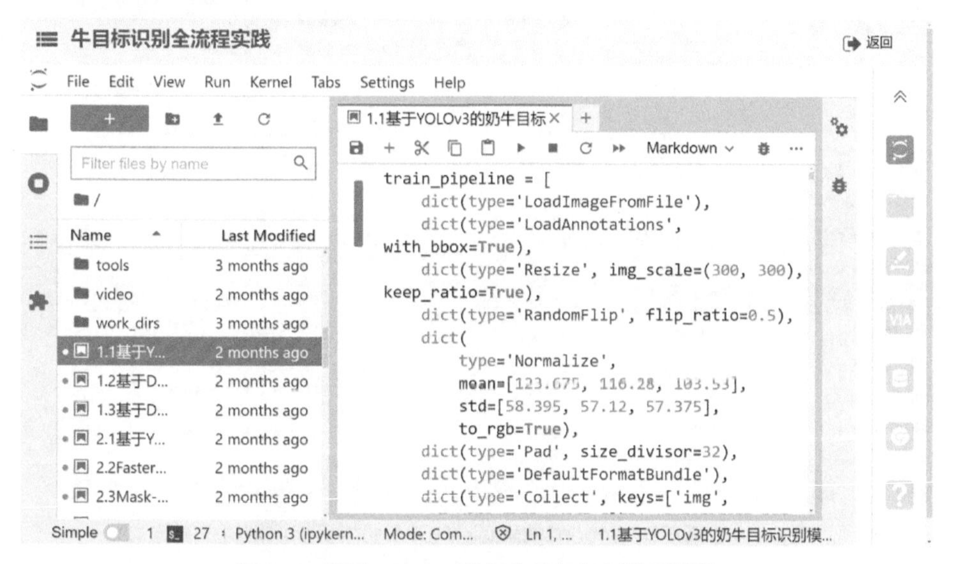

图3-9　基于YOLOv3的奶牛目标识别模型训练

（2）基于Detectron2的Faster-RCNN奶牛目标识别。基于Detectron2的Faster-RCNN奶牛目标识别模型训练过程如图3-10所示。

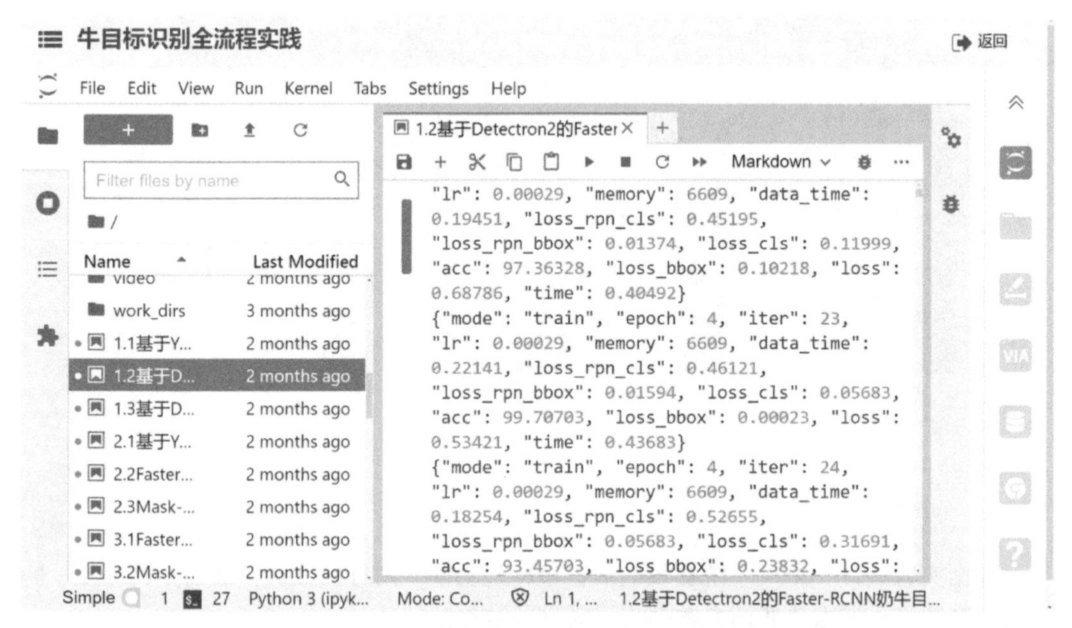

图3-10 基于Detectron2的Faster-RCNN奶牛目标识别模型训练

（3）基于Detectron2的Mask-RCNN奶牛目标识别。基于Detectron2的Mask-RCNN奶牛目标识别模型训练过程如图3-11所示。

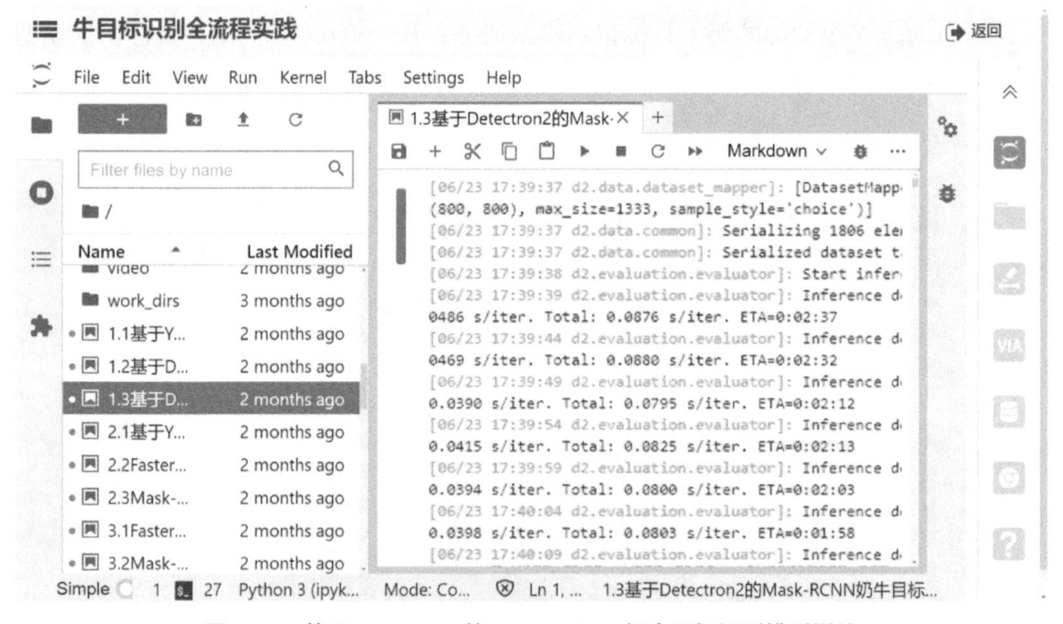

图3-11 基于Detectron2的Mask-RCNN奶牛目标识别模型训练

3.1.4.6　模型应用

可实现基于图像的目标识别、基于视频文件的目标识别和基于实时视频流的目标识别，配合第三方应用程序，能实现目标识别、盘点计数、生物安全防控监测等实际应用。

（1）基于YOLOv3的奶牛目标识别。采用YOLOv3算法，实现奶牛的目标识别，效果如图3-12所示。

图3-12　基于YOLOv3的奶牛目标识别

（2）基于Detectron2的Faster-RCNN奶牛目标识别。基于Detectron2框架，采用Faster-RCNN算法，实现奶牛的目标识别。效果如图3-13、图3-14所示。

图3-13　Faster-RCNN基于图像的目标识别

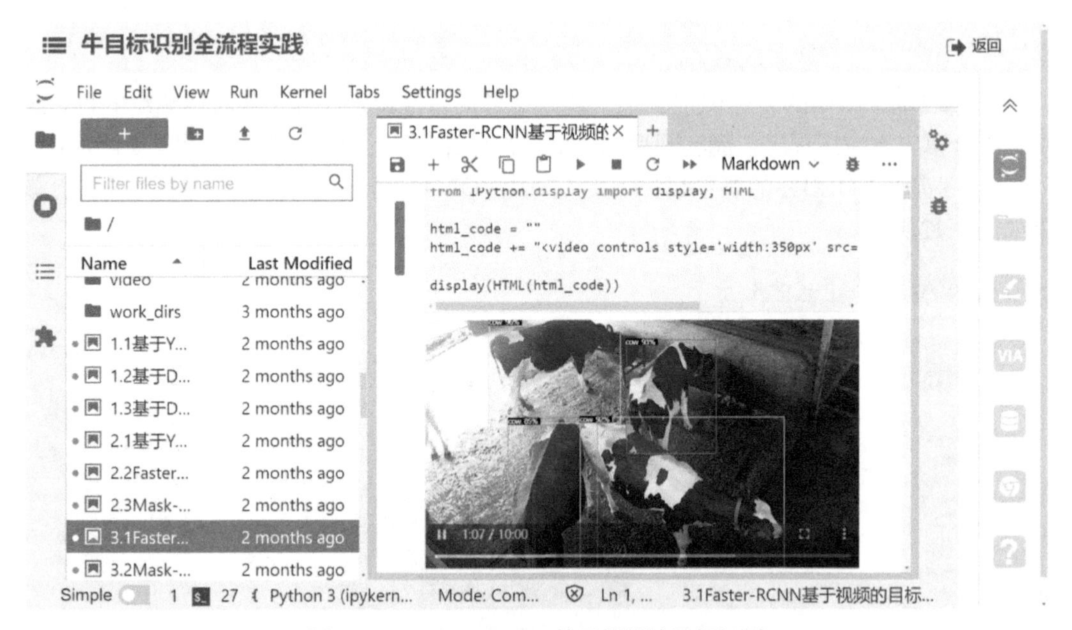

图3–14　Faster–RCNN基于视频的目标识别

（3）基于Detectron2的Mask-RCNN奶牛目标识别。基于Detectron2框架，采用Mask-RCNN算法，实现奶牛的目标识别。效果如图3–15、图3–16所示。

图3–15　Mask–RCNN基于图像的目标识别

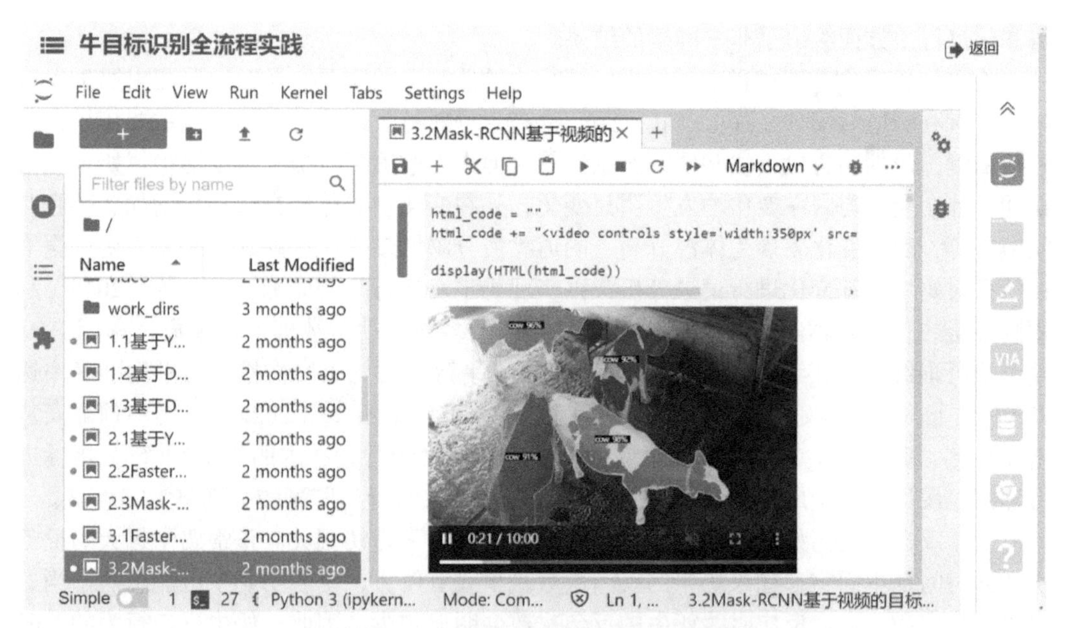

图3-16　Mask-RCNN基于视频的目标识别

3.2　奶牛行为监测

动物的行为反映了它们的身体状况，确定动物的基本行为（饮水、反刍、行走、站立和躺卧）有助于对动物进行生理健康评价和疾病治疗。因此监测动物行为在智慧养殖管理中非常重要。在大规模的奶牛养殖生产中，通过直接个体观察或延时录像来完成，需要大量的劳动力来识别所有的个体并掌握它们各自的状态，是非常耗时和劳动密集型的。因此，奶牛行为的智能化监测显得尤为重要。随着物联网技术的进步，在奶牛行为识别方面开展了大量工作，包括基于接触式传感器的方法和基于非接触式传感器的方法。

3.2.1　基于接触式传感器的行为监测方法

在尽量减少人为干扰或人为错误的前提下，大多数基于接触传感器的技术主要是通过固定在奶牛不同部位（如颈部项圈、耳标、腿带等）的传感器（加速度传感器、压力传感器和计步器等）来采集不同的行为动作数据，并利用分类算法对不同行为的运动或声学数据的差异进行识别和监测。例如，Tamura等（2019）利用安装有三轴加速度计的颈部项圈来获取奶牛进食、反刍和躺卧时的特征加速度波，使用决策树学习来计算奶牛的活动水平和变化，实现了对奶牛进食、反刍和躺卧行为的高度精确的识别和分类。Balasso等（2021）在奶牛的左腹部安装了一个三轴加速度计收集奶牛的行为数据，采用了4种机器学习算法［随机森林、K近邻法、极限提升（XGB）算法和支持向量机］用于姿态和行为分类，结果表明XGB算法的模型预测准确率最高（99.2%），在预测姿势和休息行为方面给出了非常准确的结果。

在现代化奶牛养殖过程中，奶牛发情行为的监测至关重要。及时地监测出奶牛发情信息，有利于适时配种，降低产犊间距，提高牛场效益。传统的发情监测主要依靠人工进行监测，包括阴道检查法和尾部涂蜡法等，但人工监测费时费力且易漏检。奶牛发情期间，外在变化与内在变化均发生明显变化，外在变化主要体现在活动量增加、躺卧时间减少等，内在变化表现为体温升高、阴道黏液分泌增多等，接触式传感器主要依据上述特征对奶牛生理变化进行记录分析，以实现奶牛发情行为的监测。谭益等（2018）利用阿菲金二代计步器对奶牛包括运动步数在内的多项活动量数据进行采集，利用SVM模型进行训练，并将训练好的模型嵌入到Storm平台，对奶牛发情检测的平均准确率达98.9%以上，预测准确率为85.71%，预测周期为6 h。Wang等（2022）在奶牛颈部安装电子标签，获取奶牛的加速度和位置数据，对包括发情行为在内的奶牛7种行为指标进行监测，设计了基于最佳参数的BP神经网络，奶牛发情行为监测的准确率为95.46%。

奶牛反刍行为与奶牛生产、繁殖性能及疾病等因素密切相关。正常奶牛每天的反刍次数和时间基本固定，如果奶牛的反刍次数减少或者停止，则表明奶牛可能患病。当奶牛出现热应激、炎症反应时，奶牛的反刍次数会明显减少。因此，奶牛反刍行为的及时监测对奶牛的健康、福利、生产效益非常重要。接触式反刍行为监测主要将传感器固定在奶牛嘴部附近，对奶牛采食或反刍时由咀嚼产生的包括声音、压力等规律性变化特征进行监测分析。Shen等（2019）将三轴加速度传感器固定在奶牛下颌中间部位，可准确捕捉其下颌运动，分别采用KNN、SVM和概率神经网络3种算法进行分类，结果表明，采用KNN时效果最好，对反刍行为识别的准确率可达93.7%。

3.2.2 基于非接触式传感器的行为监测方法

基于非接触式传感器的方法包括基于深度学习的视频分析、基于声音信号、基于激光测距和热成像等方法，以视频分析技术为主。计算机视觉技术具有成本低、响应速度快的特点，可以避免基于接触式传感器的方法带来的应激问题。Porto等（2015）设计了一种基于Viola-Jones算法的方法，并使用多摄像头录像系统，对奶牛的饲喂行为和站立行为进行建模和验证，该方法对进食行为和站立行为的敏感性分别为87%和86%，表明该方法能够较好地识别站立和进食行为。Wu等（2021）采用VGG16卷积神经网络提取了奶牛场低质量监控摄像头采集的视频的特征向量序列，利用所设计的CNN-LSTM（卷积神经网络和长短期记忆的融合）算法对复杂环境下奶牛的基本行为（饮水、反刍、行走、站立、躺卧）进行了准确识别，结果表明，该算法对5种行为的识别精度在95.8%～99.5%，召回率在95.0%～98.5%，特异性在97.4%～99.1%，精密度、查全率、特异性分别为97.1%、96.5%、98.3%。

奶牛发情期间，除活动量、体温等特征发生显著变化外，还表现出追逐、爬跨、鸣叫等行为。奶牛发情时其叫声强度与持续时间也会发生相应变化，研究人员基于声音、图像的方法对奶牛发情行为的监测开展了相关研究。Chung等（2013）对韩国本地奶牛的叫声进行分析，提取声音数据，利用支持向量数据描述算法自动监测奶牛发情，准确率达94%以上。王少华和何东健（2021）利用改进后的YOLOv3模型对奶牛爬跨图像进行训练，模型识别准确率为99.15%。

非接触式反刍行为监测方法主要利用摄像头采集奶牛嘴部区域视频数据，识别其反刍行为。毛燕茹等（2022）在采集奶牛反刍视频的基础上，利用YOLOv4模型识别奶牛嘴部上下颚区域，以Kalman滤波和Hungarian算法跟踪上颚区域，并对同一奶牛目标的上颚和下颚区域进行关联匹配获取嘴部咀嚼曲线，以此获取反刍相关信息，从而实现多目标奶牛个体的嘴部跟踪和反刍行为监测。结果表明YOLOv4模型对奶牛嘴部上颚、下颚区域的识别准确率分别为93.92%和92.46%；由反刍行为判定方法获取的咀嚼次数正确率的平均值为96.93%。姬江涛等（2023）提出了一种改进FlowNet2.0光流算法的奶牛反刍行为分析方法，准确得到奶牛反刍咀嚼频次信息。试验结果证明，改进FlowNet2.0算法得到的反刍咀嚼频次计算准确率达到99.39%。

3.2.3　基于云科研平台的奶牛行为识别应用全流程实践

针对视频的行为识别主要包括两方面的问题，即视频中的行为定位和视频中的行为识别。行为定位就是找到有行为发生的视频片段，与图像目标识别中的目标定位任务对应。而行为识别即对视频片段中检测出的行为进行分类识别，与图像目标识别中的分类任务对应。

基于深度学习的行为识别相较于传统算法具有识别速度快、识别精度高且能实现端到端训练的优点，目前逐渐成为主流的行为识别方法。行为识别根据算法原理的不同目前主要可以分为3D卷积网络、双流网络、混合网络等。

基于云科研平台，采用双流网络和Slowfast网络，从实验设计、数据采集及预处理、数据标注、数据集构建、模型训练到模型应用，形成奶牛行为识别应用全流程实践。

3.2.3.1　实验设计

实验具体内容的设计，包括实验目标、采集视频数量、采集视频角度、采集分辨率、各阶段数量、各场景数量、训练集验证集及测试集比例、模型训练次数、模型使用场景及技术手段等。

3.2.3.2　数据采集及预处理

使用配套线下采集设备进行数据采集，将采集的行为视频上载到平台，按需进行文件过滤和视频分割、图片按行为分组提取、图片格式转换、图片大小调整、图片分辨率转换等数据采集后的预处理操作。行为识别需要在已有二维的图像识别维度上加一个时间维度，所有原始素材均为视频素材，实际训练过程需要将视频按实验设计进行图像提取和视频分割。

3.2.3.3　数据标注

建立针对本次实验数据的标注任务，支持将任务自动分配至多个数据标注人员进行数据标注，完成数据标注后，支持生成常见标准数据集格式的标注文件（图3-17）。

图3–17　数据标注文件

3.2.3.4　数据集构建

根据实验设计，采用系统提供的数据集构建功能，对标注数据一键划分训练集、验证集及测试集；将标准数据集转换为Slowfast训练所用的行为识别数据集格式。

3.2.3.5　模型训练

实现基于Slowfast的奶牛行为识别模型训练（图3–18）。

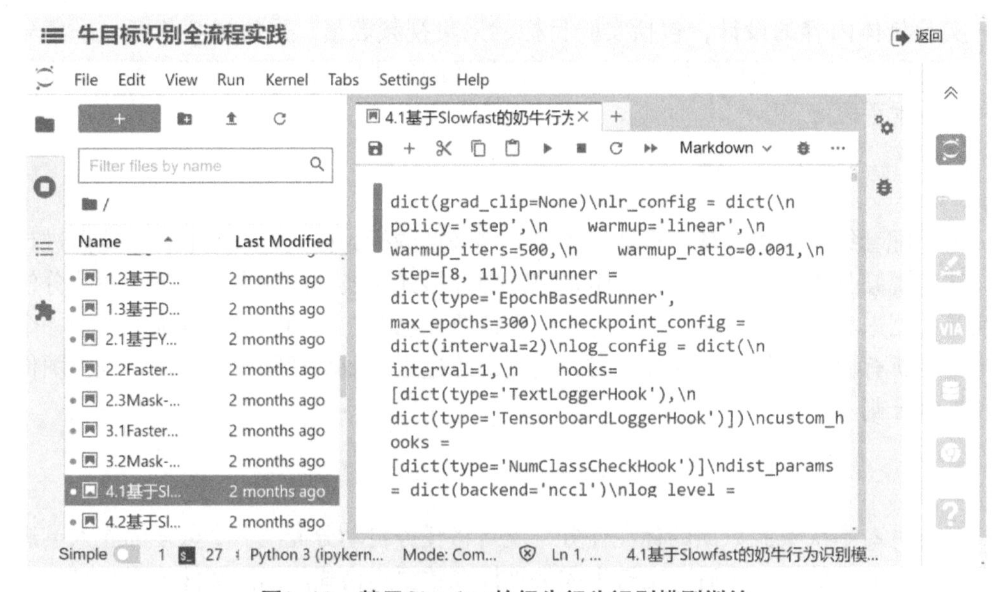

图3–18　基于Slowfast的奶牛行为识别模型训练

3.2.3.6　模型应用

可实现基于视频的奶牛行为识别，配合应用程序，能实现行为识别、发情监测、疾病监测等实际应用。图3-19、图3-20是识别奶牛起卧行为的视觉识别模型的识别效果。

图3-19　基于Slowfast的奶牛起卧行为识别（1）

图3-20　基于Slowfast的奶牛起卧行为识别（2）

3.3 奶牛体况智能监测

体况是一项重要的福利和牛群管理指标，与奶牛的健康和代谢状态高度相关。体况评分（BCS）是衡量动物能量储备、营养状况和管理水平的实用技术，它能够客观地反映出动物个体的营养状况、产奶能力、繁殖育种能力以及健康福利水平，在现代化大型牧场中已被广泛应用。

3.3.1 传统体况评分

传统的体况评分普遍采用5分制，其中BCS＝1分表示体况非常消瘦，BCS＝3分表示体况适中，BCS＝5分表示过于肥胖，图3-21给出了不同体况示例。它通过视觉评估和触觉判断的方法，对奶牛的几个关键部位进行评分得到一个综合结果。具体体况评分标准如下。

（1）1分。过瘦，整个脊骨覆盖的肉很少，呈皮包骨样，沿着脊背，各椎骨清晰可辨，且显著突起，椎骨末端手感明显，形成延伸至腰部的清晰可见的衣架样；脊椎骨明显，节节可见，背线呈锯齿状；腰横突之下，两腰角之间及腰臀之间有深度凹陷；肋骨凸出于体表，肋骨根根可见；腰角与臀角之间凹陷，腰角及臀端轮廓显露；尾根下部及两臀角之间凹陷呈深“V”形的窝，使得该部位的骨骼结构极为明显凸起。

（2）2分。皮与骨之间稍有些脂肪，整体消瘦但不虚弱；凭视觉辨别出整个脊骨，但不凸起，用肉眼不易区分一节节椎骨；脊骨末端覆盖的肌肉多一些，但手摸仍明显凸起；触摸时能区分横突和棘突，但棱角不明显；整个脊椎骨凸出，背线呈波浪形但脊骨触摸时产生清晰衣架样印象；前脊、腰部和尻部部位的脊椎骨在视觉上不明显，但手感仍可辨别；腰角及臀端凸起分明，肋骨隐约可见，两腰角之间及腰臀之间呈明显凹陷，但骨骼结构有些肌肉覆盖；尾根和臀角之间的部位有些下陷，呈“U”形。

（3）2.5分。较清秀；脊椎骨似鸡蛋锐端，看不到单根骨头；腰横突之下，两腰角之间及腰臀之间凹陷；肋骨可见，边缘丰满，腰角及臀端可见但结实；尾根两侧下凹，但尾根上已经覆盖脂肪。

（4）3分。体况一般，营养中等；脊椎骨丰满，背线平直；背脊呈圆形稍隆起，一节节椎骨已不可见，用手轻轻施加压力可辨别出整个脊骨，同时脊骨平坦，无衣架样印象；前背、腰部和尻部部位的脊椎骨呈圆形背脊状；腰横突之下略有凹陷；肋骨隐约可见，腰角及臀端呈圆形且较圆滑；臀角之间及尾根周围部位平坦或仅有微弱下陷，尾根上有脂肪沉积。

（5）3.5分。脊椎骨及肋骨上可感到脂肪沉积；腰横突之下凹陷不明显；腰角及臀端丰满；尾根两侧仍有一定凹陷，尾根上脂肪沉积较明显。

（6）4分。从整体看有脂肪沉积，体况肥，属丰满健康体况；用手用力按压才能辨别出整个脊骨，同时脊骨呈平坦或圆形，根本无衣架样印象；用力按压也难摸到横突，棘突两侧近于平坦，肋骨不显现；前脊部位脊椎骨呈圆形、平坦的隆起状，但腰横突之下无凹陷，腰部和尻部部位平坦；尻部肌肉丰满，腰角与臀端圆滑，两个腰角之间的十字部位看上去呈水平形；尾根和臀角周围部位的肌肉丰满，呈圆形，尾根两侧凹陷很小，末端上有明显脂肪沉积，仅在触诊时才能摸到髋骨和坐骨结节。

（7）4.5分。属肥胖体况；背部“结实多肉”；腰角与臀端丰满，脂肪堆积明显；尾根两侧丰满，皮肤几乎无皱褶。

（8）5分。明显过肥，属过度肥胖体况；牛体的背部“隆起多肉”，体侧和股部皮下为脂肪层所覆盖；腰角与臀端非常丰满，脂肪堆积非常明显，视觉上看不出脊椎骨、腰角和臀角部位的骨骼结构，皮下脂肪明显凸起；腰角、臀部不明显，腰、臀之间呈圆形；尾根两侧显著丰满，皮肤无皱褶，尾根几乎埋进脂肪组织内。

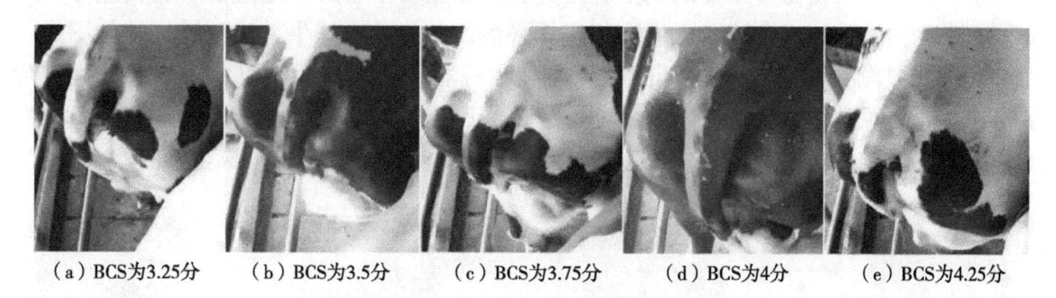

（a）BCS为3.25分　（b）BCS为3.5分　（c）BCS为3.75分　（d）BCS为4分　（e）BCS为4.25分

图3-21　奶牛BCS类别示例

单纯地依靠肉眼识别和触摸按压牛体判断牛的身体状况信息是不精确的，或不全面的。传统的体况评价方法主要依靠人工完成，存在人力成本大、评价主观性强、耗费时间和效率低下等问题，还容易对奶牛造成应激反应，已不适应现代化牧场使用。

在牧场生产实际中，奶牛在不同的泌乳期都有一个相对合适的BCS分值，以最大程度地发挥产乳潜能，同时保证繁殖、消化机能的正常。在不影响奶牛健康的基础上，应在整个哺乳周期中每30 d收集一次奶牛的体况数据，便于及时调整奶牛的饲养管理，这增加了收集体况数据的成本和复杂性。

3.3.2　基于视觉技术的体况评分

近年来，随着人工智能和深度学习算法的发展，已经开发了基于3D图像分析和机器学习技术的BCS估计模型用于估计奶牛的身体状况。文献中通常采用奶牛背部的3D图像进行体况分析，再利用机器学习的方法提高其精度和准确性。Juan等（2018）利用Kinect-V2摄像机采集奶牛背部图像，然后用卷积神经网络CNNs对奶牛BCS进行识别，在偏差为0.5分时的准确率达到了94%。

到目前为止，已经有4种自动化的BCS系统投入市场，分别为DeLaval BCS（DeLaval International AB，Tumba，瑞典）、BodyMat F（Ingenera SA，Cureglia，瑞士）、Biondi 4DRT-A（Biondi Engineering SA，Cadempino，瑞士）和Protrack® BCS（LIC Automation，Hamilton，新西兰）。4个系统都使用基于图像分析的方法，这些图像是从放置在奶牛臀部和腰部区域较高平面上的3D传感器捕获的。基于视觉技术的方法显著提高了体况评分的效率，同时比传统评分提高了精确性。

3.4 奶牛乳房炎监测

乳房炎被认为是奶牛群中最重要的疾病之一，影响乳制品行业的所有领域，从动物健康到牛奶产量下降和产品质量下降，并对牧场的经济产生巨大的影响。乳中体细胞数量即体细胞计数（SCC）是评价奶牛乳腺健康状况最常用的指标。通常，每毫升牛奶中超过200 000个体细胞被认为是异常的。乳房炎还间接与消费者的健康风险有关。因此，乳房炎监测对于乳制品的可持续生产至关重要。

近年来，利用视觉传感器的奶牛乳房炎自动监测技术得到了迅速发展，其监测方法通常是借助热像仪、显微镜、可见光相机等采集设备，获取奶牛乳房区域红外热图像、乳汁体细胞图像或乳汁pH测试纸图像，再利用机器视觉等技术，对原始图像数据进行分析处理，最后对奶牛乳房炎患病情况进行诊断，图3-22给出了基于视觉传感器的奶牛乳房炎自动检测示意图。

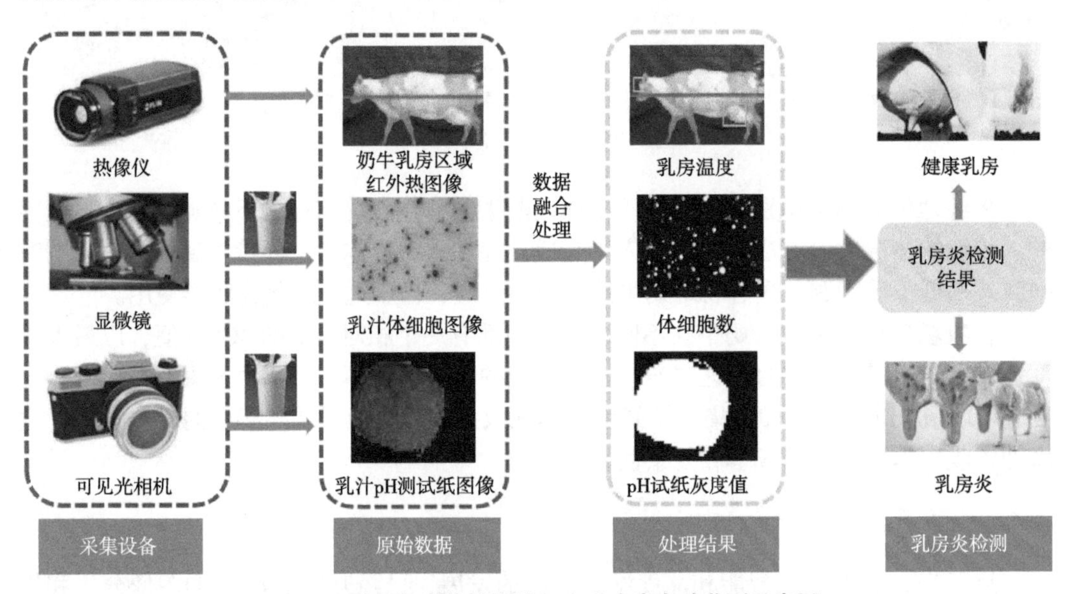

图3-22　基于视觉传感器的奶牛乳房炎自动监测示意图

红外热成像是一种非侵入性技术，可以从远处精确测量温度，已被广泛应用于乳腺炎的早期监测。此外，在自动挤奶系统中，全自动乳成分在线分析设备可以根据每次挤奶时记录的体细胞数和系统中记录的一些关于乳房健康的其他因素数据来监测乳腺炎的发生。此外，还有一些其他传感器用于乳房炎的监测（图3-23）。

乳房炎可根据其严重程度分为亚临床型和临床型。Naqvi等开发了一种循环神经网络（RNN）模型，使用各种变量（包括牛奶和行为特征、奶牛特征和农场/环境变量）来监测奶牛的临床乳房炎，该模型识别了90%以上的严重乳房炎病例，表明了监测需要立即治疗的乳房炎的有效性。亚临床乳房炎由于没有任何可见的适应症，其监测具有挑战性。据报道，70%～80%的乳房炎损失是由亚临床乳房炎引起的。Feng等（2021）提出了一个基于物联网的奶牛社会行为感知框架（图3-24），以模拟乳房炎传播并推断奶牛乳房炎感染风险。他们使用便携式GPS设备来监测奶牛的社会行为，并提出了一个灵活的概率疾病传播模型来估计和预测乳房炎感染概率。理论分析和现场试验的模拟分析都证明了该框架的有效性。最后，通过实际情况下的体细胞计数乳房炎试验验证了预测模型的正确性。

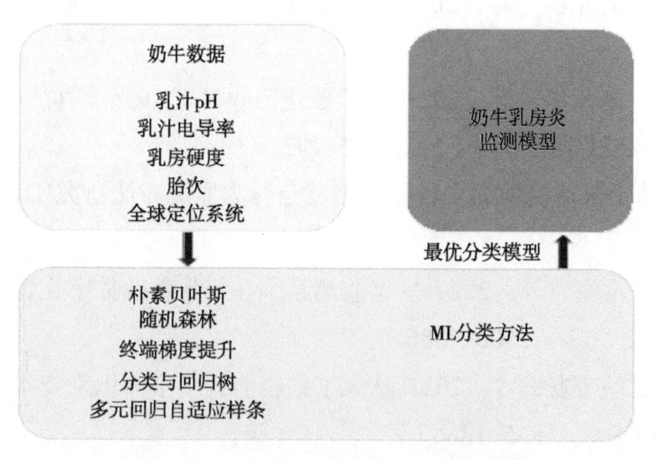

图3-23　其他传感器用于乳房炎的监测

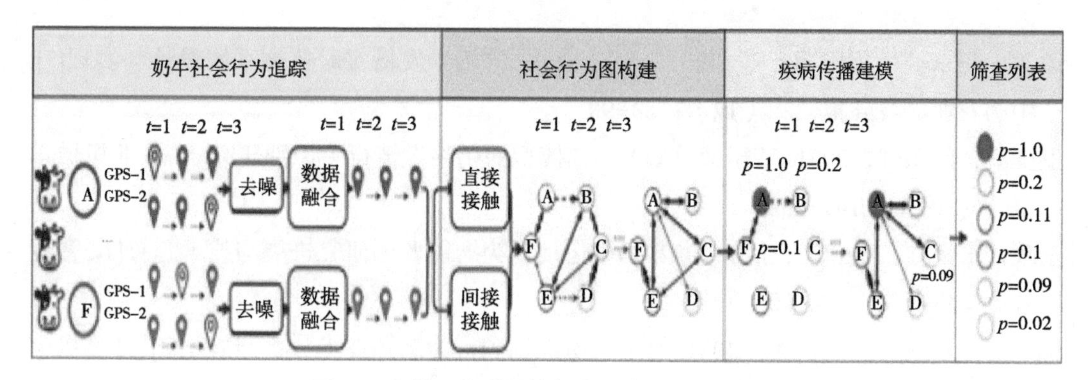

图3-24　基于物联网的奶牛社会行为感知框架

注：A～F为奶牛ID，t为时刻，p为患病概率

参考文献

初梦苑，刘晓文，曾雪婷，等，2023. 奶牛乳房炎自动检测技术研究进展[J]. 农业工程学报，39（11）：1-12.

蔡一欣，马丽，刘刚，2017. 奶牛隐性乳房炎便携式计算机视觉快速检测系统设计与试验[J]. 农业工程学报，33（S1）：63-69.

胡婷婷，廖晨星，张金梦，等，2021. 区块链+5G物联网和大数据在奶牛智能化生产中的应用[J]. 中国乳业（5）：29-33.

黄小平，2020. 基于多传感器的奶牛个体信息感知与体况评分方法研究[D]. 合肥：中国科学技术大学.

刘继芳，张建华，吴建寨，等，2018. “物联牧场”理论方法与关键技术[M]. 北京：科学出版社.

姬江涛，刘启航，高荣华，等，2023. 基于改进FlowNet2. 0光流算法的奶牛反刍行为分析方法[J]. 农业机械学报，54（1）：235-242.

毛燕茹，2022. 基于机器视觉的多目标奶牛反刍行为监测方法研究[D]. 杨凌：西北农林科技大学.

潘予琮，王慧，熊本海，等，2020. 发情监测系统在奶牛养殖数字化管理中的应用[J]. 动物营养学报，32（6）：2500-2506.

彭阳翔，杨振标，闫奎友，等，2023. 从人工到智能：牛个体识别技术研究进展[J]. 中国畜牧兽医，50（5）：1855-1866.

宋子琪，2021. 基于热红外图像的奶牛乳房炎检测方法研究[D]. 杨凌：西北农林科技大学.

谭益，何东健，郭阳阳，等，2018. 基于Storm的奶牛发情实时监测系统设计与实现[J]. 中国农业科技导报，20（12）：83-90.

王少华，何东健，2021. 基于改进YOLOv3模型的奶牛发情行为识别研究[J]. 农业机械学报，52（7）：141-150.

王政，宋怀波，王云飞，等，2022. 奶牛运动行为智能监测研究进展与技术趋势[J]. 智慧农业（中英文），4（2）：36-52.

游学杭，马钦，郭浩，等，2021. 奶牛身份识别和行为感知技术分析与展望[J]. 计算机应用，41（S1）：216-224.

张满囤，米娜，于洋，等，2018. 基于特征融合的奶牛个体识别[J]. 江苏农业科学，46（24）：278-281.

ANDREW S W，HANNUNA N. CAMPBELL，BURGHARDT T，2016. Automatic individual holstein friesian cattle identification via selective local coat pattern matching in RGB-D imagery[C]//2016 IEEE International Conference on Image Processing（ICIP）. Phoenix，AZ，USA：484-488.

ANDREW W C，GREATWOOD，BURGHARDT T，2017. Visual localisation and individual identification of Holstein Friesian cattle via deep learning[C]//2017 IEEE International Conference on Computer Vision Workshops（ICCVW）. Venice，Italy：2850-2859.

ARSLAN A C，AKAR M，ALAGÖZ F，2014. 3D cow identification in cattle farms[C]//2014 22nd Signal Processing and Communications Applications Conference（SIU）. Trabzon，Turkey：1347–1350.

BALASSO P，MARCHESINI G，UGHELINI N，et al.，2021. Machine learning to detect posture and behavior in dairy cows：Information from an accelerometer on the animal's left flank[J]. Animals，11（10）：2972.

CHUNG Y，LEE J，OH S，et al.，2013. Automatic detection of cow's oestrus in audio surveillance system[J]. AsianAustralasian Journal of Animal Sciences，26（7）：1030–1037.

FENG Y，NIU H，WANG F，et al.，2021. SocialCattle：Iot-based mastitis detection and control through social cattle behavior sensing in smart farms[J]. IEEE Internet of Things Journal，9（12）：10130–10138.

GABER T，THARWAT A，HASSANIEN A E，et al.，2016. Biometric cattle identification approach based on Weber's local descriptor and AdaBoost classifier[J]. Computers and Electronics in Agriculture，122：55–66.

GABER T，THARWAT A，HASSANIEN A E，et al.，2016. Biometric cattle identification approach based on Weber's Local Descriptor and AdaBoost classifier[J]. Computers and Electronics in Agriculture，122：55–66.

GODYŃ D，HERBUT P，ANGRECKA S，2019. Measurements of peripheral and deep body temperature in cattle-A review[J]. Journal of Thermal Biology，79：42–49.

HU H，DAI B，SHEN W，et al.，2020. Cow identification based on fusion of deep parts features[J]. Biosystems Engineering，192：245–256.

HUANG X，HU Z，WANG X，et al.，2019. An improved single shot multibox detector method applied in body condition score for dairy cows[J]. Animals，9：470.

JADDOA M，GONZALEZ L，CUTHBERTSON H，et al.，2020. Multi view face detection in cattle using infrared thermography[C]//ACRIT 2019：Proceedings of the 2019 Applied Computing to Support Industry：Innovation and Technology. Cham：Springer：223–236.

JUAN R A，MAURICIO A，PABLO M，et al.，2018. Body condition estimation on cows from depth images using Convolutional Nerual Networks[J]. Computers and Electronics in Agriculture，155：12–22.

KOJIMA T，OISHI K，NAOTO A O K I，et al.，2022. Estimation of beef cow body condition score：a machine learning approach using three-dimensional image data and a simple approach with heart girth measurements[J]. Livestock Science，256：104816.

LEARY N O，LESO L，BUCKLEY F，et al.，2020. Validation of an automated body condition scoring system using 3D imaging[J]. Agriculture，10：246.

LI W，JI Z，WANG L，et al.，2017. Automatic individual identification of Holstein dairy cows using tailhead images[J]. Computers and Electronics in Agriculture，142：622–631.

NAQVI S A，KING M T，MATSON R D，et al.，2022. Mastitis detection with recurrent neural networks in farms using automated milking systems[J]. Computers and Electronics in Agriculture，192：106618.

NORSTEBO H，DALEN G，RACHAH A，et al.，2019. Factors associated with milking-to-milking variability in somatic cell counts from healthy cows in an automatic milking system[J]. Preventive Veterinary Medicine，172：104786.

OKURA F，IKUMA S，MAKIHARA Y，et al.，2019. RGB-D video-based individual identification of dairy cows using gait and texture analyses[J]. Computers and Electronics in Agriculture，165：104944.

PORTO S M，ARCIDIACONO C，ANGUZZA U，et al.，2015. The automatic detection of dairy cow feeding and standing behaviours in free-stall barns by a computer visionbased system[J]. Biosystems Engineering，133：46–55.

SHEN W，CHENG F，ZHANG Y，et al.，2019. Automatic recognition of ingestive-related behaviors of dairy cows based on triaxial acceleration[J]. Information Processing in Agriculture，7（3）：427–443.

SHEN W，HU H，DAI B， et al.，2020. Individual identification of dairy cows based on convolutional neural networks[J]. Multimed Tools and Applications，79：14711–14724.

SILVA S R，ARAUJO J P，GUEDES C，et al.，2021. Precision technologies to address dairy cattle welfare：focus on lameness，mastitis and body condition[J]. Animals，11（8）：2253.

TAMURA T，OKUBO Y，DEGUCHI Y，et al.，2019. Dairy cattle behavior classifications based on decision tree learning using 3-axis neck-mounted accelerometers[J]. Animal Science Journal，90（4）：589–596.

WANG F B，PAN X C，2019. Image segmentation for somatic cell of milk based on niching particle swarm optimization otsu[J]. Engineering in Agriculture，Environment and Food，12：141–149.

WANG J，ZHANG Y，WANG J，et al.，2022. Using machine learning technique for estrus onset detection in dairy cows from acceleration and location data acquired by a neck-tag[J]. Biosystems Engineering，214：193–206.

WU D，WANG Y，HAN M，et al. 2021. Using a CNN-LSTM for basic behaviors detection of a single dairy cow in a complex environment[J]. Computers and Electronics in Agriculture，182：106016.

YEON S C，JEON J H，HOUPT K A，et al.，2006. Acoustic features of vocalizations of Korean native cows（*Bos taurus coreanea*）in two different conditions[J]. Applied Animal Behaviour Science，101（1-2）：1-9.

第四章　犊牛智能化养殖

犊牛是指自出生至6月龄的牛。犊牛作为奶牛群的后备力量，饲养方式的优劣、饲养技术的科学与否、疾病治疗的技术手段，对犊牛的生长发育至关重要，是奶牛场增加奶牛数量和提高奶牛群生产水平的关键因素。做好奶牛犊牛的养殖，是当前奶牛养殖过程中的关键问题，也是促进奶牛养殖可持续发展的核心问题。

4.1　犊牛饲养管理

4.1.1　犊牛饲养管理目标

（1）日增重大于800 g；初生重大于30 kg，60日龄断奶体重大于初生重2倍，6月龄体重大于190 kg，体高大于104 cm。

（2）初生死亡率：头胎牛小于5%；经产牛小于3%。

（3）哺乳期死亡率小于3%；断奶犊牛死亡率小于2%。

（4）哺乳期间药物治疗率小于25%。

4.1.2　犊牛岛管理技术

良好的生长环境不仅能够促进犊牛的健康成长，而且还能够提高犊牛成年后的产奶性能，增加牛场效益。在现代化牧场中，新生犊牛饲喂初乳后，从产房可转入犊牛岛。

犊牛岛技术主要是在室外或室内对个体犊牛进行单栏饲养，能够给犊牛提供适宜面积的活动区域，在栏位上设置饲料桶、水桶和牛奶桶等，岛内必须符合清洁干燥、通风良好、光线充足及防风防潮等要求，该技术的实施能够有效提高犊牛成活率。

犊牛在犊牛岛单独饲养一个月，便于饲养者对犊牛的日常生长状况和采食、饮水进行观察，做到早发病早处理，降低犊牛饲养成本。同时，对犊牛进行单栏饲养，可以全面改善犊牛的生长环境，降低犊牛的发病率和死亡率等。即使在寒冷的冬季，犊牛岛技术也能够根据犊牛生理特点改变岛内气候，调整至最佳的温湿度等，实现犊牛单栏饲养的自动化、智能化，为提高犊牛成年后的生产性能、增加牛场经济效益提供保障。

4.1.3　犊牛胃肠道的生理特点

犊牛胃肠道发育与其免疫机能和生长性能紧密关联，尤其是瘤胃，素有“养牛就是养瘤胃”一说。犊牛的胃肠道生理学特征与成年牛有很大区别。图4-1显示，犊牛出生时，瘤胃、网胃、瓣胃、皱胃所占比例分别为25%、5%、10%和60%，而在犊牛断奶后，瘤胃、网胃、瓣胃、皱胃所占比例分别为80%、5%、8%和7%。除此之外，犊牛瘤胃还没有形成微生物菌群，胃液分泌也很少，尚不具备良好的消化功能。

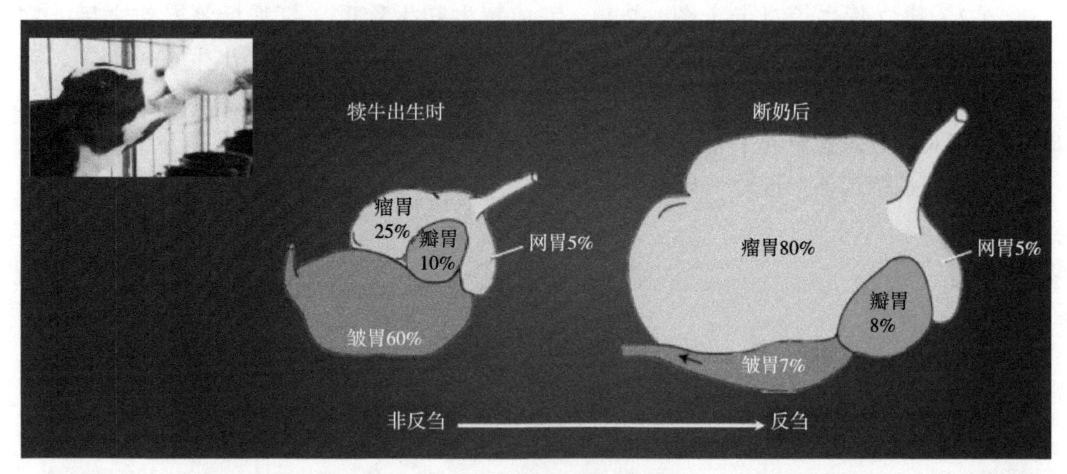

图4-1　犊牛断奶前后胃的占比

随着犊牛日龄的增加，饲喂液体日粮（牛奶或代乳粉）逐渐过渡到固体饲粮，其消化位置也由皱胃消化过渡到瘤胃消化；消化方式由化学消化过渡到微生物消化。瘤胃是反刍动物的“发酵罐”，瘤胃发育程度直接影响到动物生产性能的发挥。犊牛仅采食液体饲料会显著降低瘤胃重量和容量，并抑制瘤胃乳头生长和肌肉结构发育，不利于消化粗饲料。因此，应尽早给犊牛饲喂固体饲粮（开食料），并补充适量的优质粗饲料，促进瘤胃发育。粗饲料中的纤维供给对犊牛瘤胃的健康发育起着重要的作用，增加优质粗饲料的饲喂，可以增大犊牛瘤胃容量，促进瘤胃乳头生长，并且会使瘤胃微生物区系变得更加丰富。

4.2　犊牛智能化养殖

犊牛智能化养殖主要生产流程包括：初生犊牛护理、去角、断奶、牛只进群、日常管理。

4.2.1　初生犊牛护理

（1）犊牛出生后，马上与母牛分离。

（2）清除黏液：犊牛产出后，用干净的毛巾将犊牛鼻孔、口腔中的黏液擦净，确保新生犊牛呼吸；若出现假死情况，应倒提起犊牛，拍打胸部和喉部，使喉部黏液从鼻孔排出，并立即将黏液擦干，以免吸入气管。

（3）常规处理：将脐带在距离腹部10 cm处剪断，用5%碘酊外部消毒，生后2 d检查脐带是否感染。

（4）用毛巾将犊牛全身黏液擦干，去掉软蹄。

（5）进行犊牛称重。

（6）打耳标。使用适配耳标及配套耳标钳给犊牛打耳标，打耳标前主标、辅标以及耳标钳、撞针均按照生物安全要求进行浸泡消毒。

（7）建立犊牛信息卡（图4-2），完成犊牛初生称重、打耳标等操作之后，在系统中录入犊牛性别、入群来源、入群时间、注册号、出生时间、出生重（kg）、毛色、栋舍、品种、状态、健康状态、周期、父耳号、母耳号，并将信息卡与已有耳号关联。工作人员登录智慧养牛管理系统，点击“养殖管理”，选择“牛只信息”“牛只录入”，根据系统选项卡进行牛只录入（图4-3）。

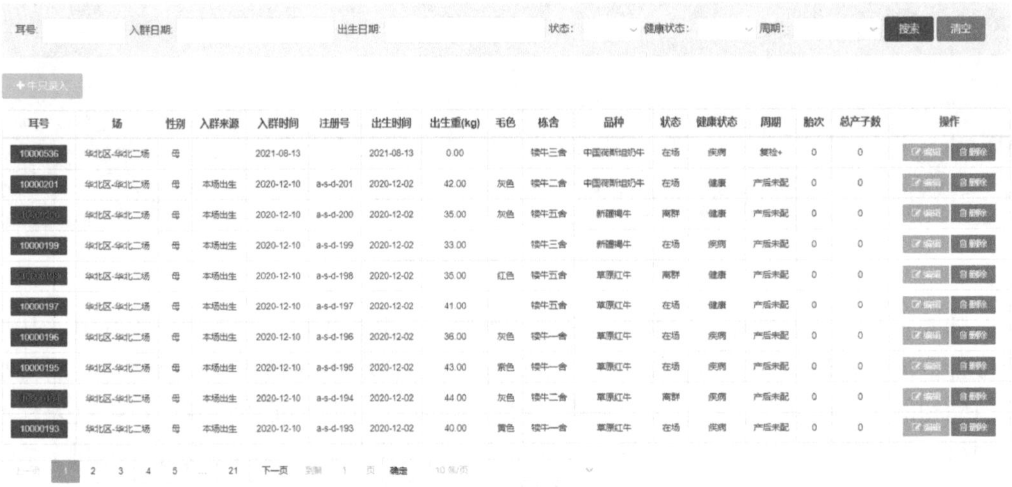

耳号	场	性别	入群来源	入群时间	注册号	出生时间	出生重(kg)	毛色	栋舍	品种	状态	健康状态	周期	胎次	总产子数	操作
10000536	华北区-华北二场	母		2021-08-13		2021-08-13	0.00		犊牛三舍	中国荷斯坦奶牛	在场	疾病	复检+	0	0	编辑 删除
10000201	华北区-华北二场	母	本场出生	2020-12-10	a-s-d-201	2020-12-02	42.00	灰色	犊牛二舍	中国荷斯坦奶牛	在场	健康	产后未配	0	0	编辑 删除
[illegible]	华北区-华北二场	母	本场出生	2020-12-10	a-s-d-200	2020-12-02	35.00	灰色	犊牛五舍	新疆褐牛	离群	健康	产后未配	0	0	编辑 删除
10000199	华北区-华北二场	母	本场出生	2020-12-10	a-s-d-199	2020-12-02	33.00		犊牛三舍	新疆褐牛	在场	疾病	产后未配	0	0	编辑 删除
[illegible]	华北区-华北二场	母	本场出生	2020-12-10	a-s-d-198	2020-12-02	35.00	红色	犊牛五舍	草原红牛	离群	健康	产后未配	0	0	编辑 删除
10000197	华北区-华北二场	母	本场出生	2020-12-10	a-s-d-197	2020-12-02	41.00		犊牛五舍	草原红牛	在场	健康	产后未配	0	0	编辑 删除
10000196	华北区-华北二场	母	本场出生	2020-12-10	a-s-d-196	2020-12-02	36.00	灰色	犊牛一舍	草原红牛	在场	疾病	产后未配	0	0	编辑 删除
10000195	华北区-华北二场	母	本场出生	2020-12-10	a-s-d-195	2020-12-02	43.00	紫色	犊牛一舍	草原红牛	在场	疾病	产后未配	0	0	编辑 删除
[illegible]	华北区-华北二场	母	本场出生	2020-12-10	a-s-d-194	2020-12-02	44.00	灰色	犊牛二舍	草原红牛	离群	疾病	产后未配	0	0	编辑 删除
10000193	华北区-华北二场	母	本场出生	2020-12-10	a-s-d-193	2020-12-02	40.00	黄色	犊牛一舍	草原红牛	在场	疾病	产后未配	0	0	编辑 删除

图4-2　建立犊牛信息卡

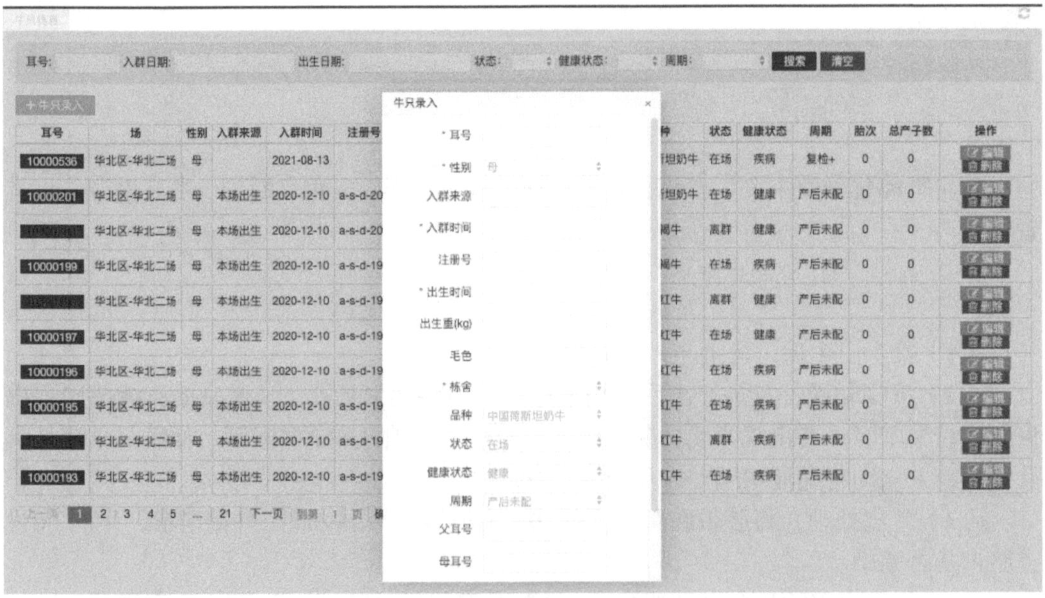

牛只录入

* 耳号
* 性别　母
入群来源
* 入群时间
注册号
* 出生时间
出生重(kg)
毛色
* 栋舍
品种　中国荷斯坦奶牛
状态　在场
健康状态　健康
周期　产后未配
父耳号
母耳号

图4-3　牛只录入

同时，养殖人员可通过手持终端设备扫描牛只耳标或输入耳号，随时查询、更新牛只信息（图4-4）。

图4-4　牛信息查询

4.2.2　去角

犊牛出生10 d以内应去角，以便管理。早去角流血少、伤害小、不易发炎。去角牛有利于管理，特别是对放牧牛，可以在一定程度上保证饲养员的安全。去角牛所需要的棚舍面积和采食的空间较小，这对围栏饲养的牛场是一项重要的管理措施，可以增加牛的饲养密度。去角牛性格温顺，减少了有角时牛与牛之间争斗从而导致的食欲缺乏、产奶量下降等一系列对牛的应激，增加养殖户的经济效益。

养殖人员通过手持终端设备依次点击“生产”“去角”，输入或扫描“牛耳号”，选择“去角方法”，添加“备注”，输入去角信息（图4-5）。

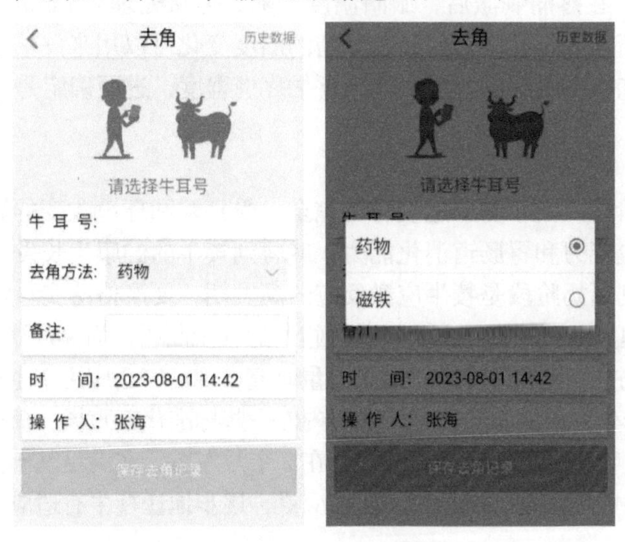

图4-5　输入去角信息

手持终端设备信息上传完成后工作人员可在智慧养牛系统点击“养殖管理”，选择“去角”，通过选择“耳号”“去角时间”查询牛只去角信息（图4–6）。

图4–6　去角信息查询

牛场工作人员一般使用烧烙、去角膏和挖角等去角方法，破坏真皮和周围组织，从而遏制牛角的生长，而去角方法的选择在很大程度上取决于生产者的经验和偏好。北美洲和欧洲有70%～80%的农场使用烧烙去角。为了方便快捷，越来越多的生产者选择用去角膏去角。去角膏是一种腐蚀性非常强的碱性药物，最初涂抹在角芽上痛苦程度较弱，但随着涂抹的时间延长，疼痛逐渐增加。研究显示，烧烙去角和去角膏去角均引起犊牛疼痛，使其疼痛相关行为增加，且持续时间不超过8 h，犊牛积极情感降低，而对消极情感无影响，生理上烧烙去角的犊牛仅造成P物质含量降低，而使用去角膏去角的犊牛应激和疼痛指标（眼睛温度、皮质醇、结合珠蛋白和P物质）均产生变化。据报道，局部麻醉剂（利多卡因）和非甾体抗炎药（美洛昔康、酮洛芬）可以缓解去角疼痛。犊牛去角后，在疼痛刺激后，眼睛温度下降，但从处理后5 min开始回升，去角犊牛的眼睛温度高于未去角犊牛。因此，眼睛的温度变化可以用来评估犊牛的疼痛。通过红外热像仪可感知犊牛眼睛的温度变化来评估疼痛程度，进而确定是否需要治疗。

4.2.3　断奶

犊牛在断奶阶段，由于胃肠道发育不完全，受日粮和环境改变的影响，极易发生应激，降低身体适应能力和胃肠道消化能力，威胁到犊牛的健康生长发育。作为饲养管理人员，应该认识到断奶阶段是犊牛应激反应的高发期，要严格落实科学养殖管理工作制度，确保养殖管理措施得到真正落实以满足犊牛的安全断奶，为高产稳产奠定坚实基础。

犊牛早期断奶技术国内外专家已做了大量研究，现已广泛应用于生产实践，成为规模养殖场提高奶牛养殖效益的重要技术，在国内外一些标准化养殖场，荷斯坦奶牛犊牛平均在1～2月龄断奶，犊牛的断奶时间一般控制在 2 个月左右。在满足基础需求供应方面，可以适当地减少犊牛的供奶量，增加饲料的供应量，逐步地让犊牛有适应饲料的过程，提高胃的消化能力，为下一步过渡到采食草料做准备，尽早地适应饲料草料的消化模式。

4.2.3.1　断奶方法

犊牛常见的断奶方式主要有自然断奶法、一次性断奶法和逐渐断奶法，最为常用的为逐渐断奶法。逐渐断奶法是将达到断奶要求的犊牛白天与母牛分开饲养，到了晚上一起饲养，让犊牛吃奶，通过一段时间的适应让犊牛完成断奶，或者是逐渐减少每天的哺乳次数，同时增加每天喂料的次数，直至完全断奶。需要注意的是，犊牛每天开食料日采食达到1 kg后，可逐渐降低液体乳粉用量，逐渐实现断奶。大约40 d后，完全切断乳汁，但要避免在恶劣气候或温度突变时断奶，还应确保在断奶期间可以及时补充干净的饮用水。在断奶后，独自喂养大约一周，然后移到一个小圈舍里，逐步适应群体的生活。

4.2.3.2　断奶异常行为识别

在畜牧业，行为分析对于改善动物健康至关重要，这是因为动物行为模式可以与动物健康联系起来。断奶会使犊牛发生应激，产生一系列的异常行为。犊牛行为的外在表现形式种类繁多，具体包括反刍行为、躺卧行为、站立行为、非营养性口腔行为等。非营养性口腔行为属于异常行为中的一种，有舔垫料、舔牛舍、舔桶、舔其他犊牛的身体以及梳理毛发等表现。反刍时间减少和躺卧行为增加也是犊牛患病的表现，也可纳入异常行为中进一步研判。视频录像监测方法已被用于监测动物行为研究，该方法允许观察动物群体，并且可以在研究地点之外进行。针对接触式传感器获取动物行为信息的局限性，研究者提出基于视频分析的犊牛基本行为识别方法。图4-7为犊牛行为的快速识别算法对比。

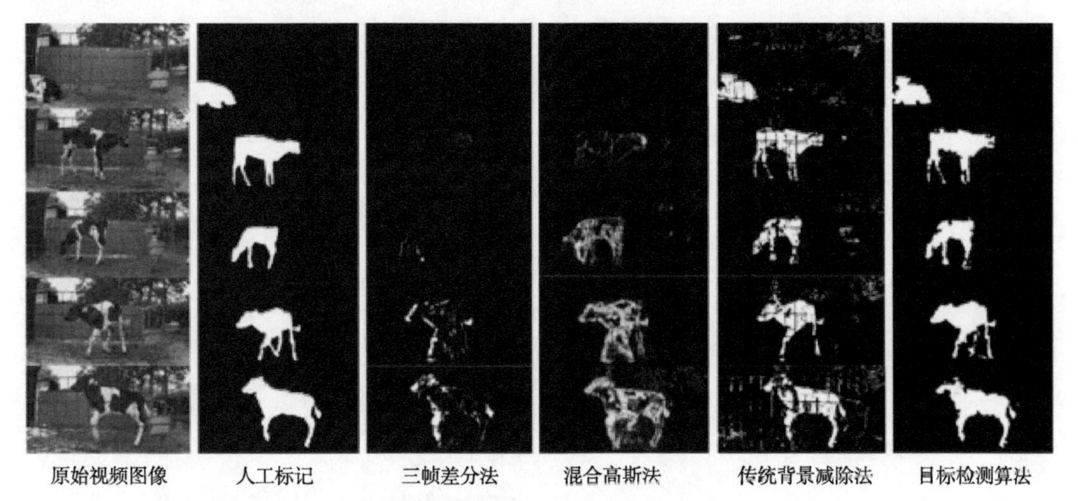

图4-7　犊牛行为的快速识别算法对比

4.2.3.3　断奶后的饲养管理

（1）犊牛断奶后，先在犊牛岛内过渡2周，不再喂奶，应喂水，开食料及苜蓿干草随意采食。

（2）从犊牛岛转出后，根据日龄和体重相近的原则分群饲养，每群20～30头。

（3）2～3月龄：可在喂食通道一边撒颗粒料，一边撒苜蓿干草，断奶犊牛自由采食。

（4）4～6月龄：此阶段牛的生长发育较为迅速，要满足通常营养物质的需求量，这不仅需要补充青饲料和青贮饲料，还需要给牛补充大量的微量元素和维生素，尤其是微量元素硒，对牛的生长发育较为重要。日粮以青粗饲料为主，根据犊牛粉料的配方，制作TMR日粮饲喂。可使用配方：犊牛颗粒料3 kg、苜蓿干草2 kg、水3 kg。

4.2.4　牛只进群

犊牛每月测体重1次，满3月龄后开始分群，方法：月龄、体重基本相同，个体在群体中地位基本相等，避免以强欺弱，群体规模不要太大（一般不超过20头）。满6月龄时测体尺、体重，转入育成期奶牛舍。犊牛阶段饲养任务完成后根据犊牛功能和体况进行调群。

养殖人员使用手持终端设备进行进群信息录入，输入或扫描“牛耳号”，依次输入“入群来源”“入场日期”“注册号”“牛出生日期”“出生重量”“牛毛色”“父耳号”“母耳号”，选择“牛性别”“牛品种”“状态”“健康状态”，并选择“周期”为“出生”，添加“备注”，保存牛只进群记录（图4-8）。

图4-8　保存牛只进群信息

4.2.5　日常管理

4.2.5.1　饲喂

犊牛阶段根据生理阶段及营养需求不同有不同饲喂方案，前期以哺乳为主，后期结合精饲料饲喂。

根据犊牛阶段生理需求，工作人员在智慧养牛系统内点击“精准饲喂”，选择“日粮管理”“配方管理”，输入关键词查询已有犊牛配方名称（图4-9），点击“添加”，依次输入“配方名称”，选择“配置人”“状态”，添加“备注”，生成新犊牛饲料配方（图4-10）。

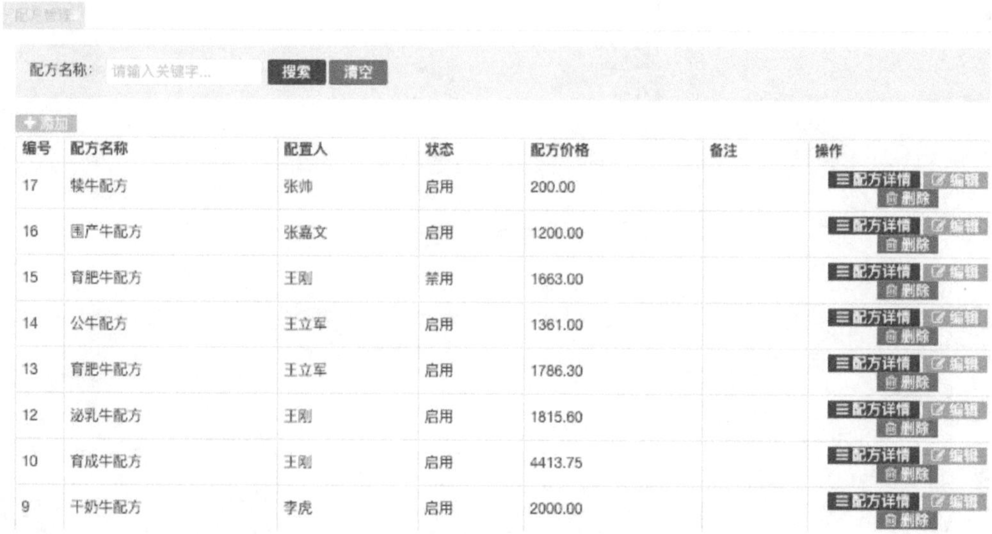

编号	配方名称	配置人	状态	配方价格	备注	操作
17	犊牛配方	张帅	启用	200.00		配方详情 编辑 删除
16	国产牛配方	张嘉文	启用	1200.00		配方详情 编辑 删除
15	育肥牛配方	王刚	禁用	1663.00		配方详情 编辑 删除
14	公牛配方	王立军	启用	1361.00		配方详情 编辑 删除
13	育肥牛配方	王立军	启用	1786.30		配方详情 编辑 删除
12	泌乳牛配方	王刚	启用	1815.60		配方详情 编辑 删除
10	育成牛配方	王刚	启用	4413.75		配方详情 编辑 删除
9	干奶牛配方	李虎	启用	2000.00		配方详情 编辑 删除

图4-9　查询犊牛配方

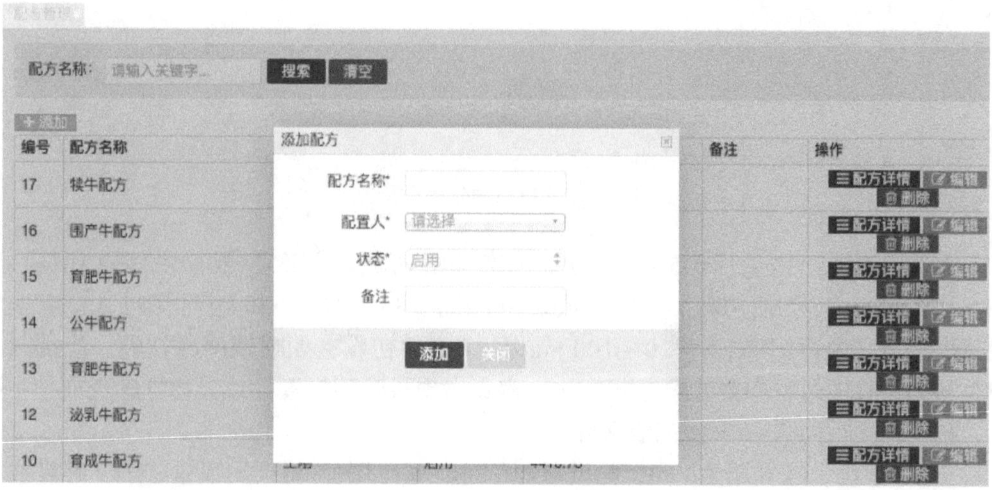

图4-10　添加犊牛配方

根据犊牛圈舍营养情况选择饲料配方，工作人员在智慧养牛系统内点击“精准饲喂”，选择“日粮管理”“圈舍配方”，可查询犊牛圈舍配方（图4-11），点击“编辑”，输入“饲喂头数”“班次1比例（%）”“班次2比例（%）”“班次3比例（%）”“班次4比例（%）”，选择“配方名称”“状态”，更新犊牛圈舍配方信息（图4-12）。

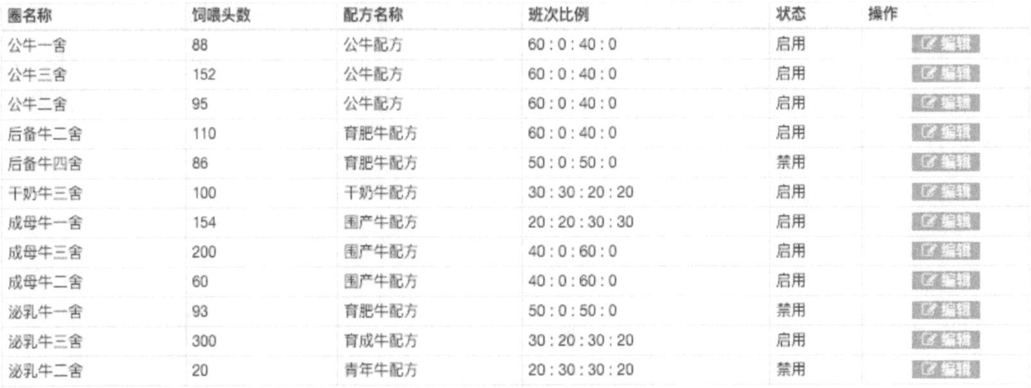

圈名称	饲喂头数	配方名称	班次比例	状态	操作
公牛一舍	88	公牛配方	60 : 0 : 40 : 0	启用	编辑
公牛三舍	152	公牛配方	60 : 0 : 40 : 0	启用	编辑
公牛二舍	95	公牛配方	60 : 0 : 40 : 0	启用	编辑
后备牛二舍	110	育肥牛配方	60 : 0 : 40 : 0	启用	编辑
后备牛四舍	86	育肥牛配方	50 : 0 : 50 : 0	禁用	编辑
干奶牛三舍	100	干奶牛配方	30 : 30 : 20 : 20	启用	编辑
成母牛一舍	154	围产牛配方	20 : 20 : 30 : 30	启用	编辑
成母牛三舍	200	围产牛配方	40 : 0 : 60 : 0	启用	编辑
成母牛二舍	60	围产牛配方	40 : 0 : 60 : 0	启用	编辑
泌乳牛一舍	93	育肥牛配方	50 : 0 : 50 : 0	禁用	编辑
泌乳牛三舍	300	育成牛配方	30 : 20 : 30 : 20	启用	编辑
泌乳牛二舍	20	青年牛配方	20 : 30 : 30 : 20	禁用	编辑

图4-11　查询犊牛圈舍配方

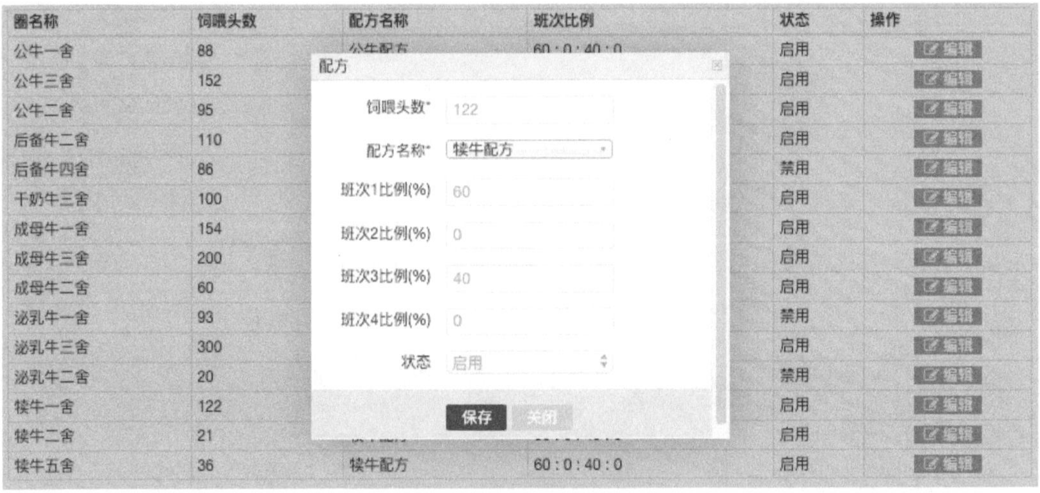

圈名称	饲喂头数	配方名称	班次比例	状态	操作
公牛一舍	88	公牛配方	60 : 0 : 40 : 0	启用	编辑
公牛三舍	152			启用	编辑
公牛二舍	95			启用	编辑
后备牛二舍	110			启用	编辑
后备牛四舍	86			禁用	编辑
干奶牛三舍	100			启用	编辑
成母牛一舍	154			启用	编辑
成母牛三舍	200			启用	编辑
成母牛二舍	60			启用	编辑
泌乳牛一舍	93			禁用	编辑
泌乳牛三舍	300			启用	编辑
泌乳牛二舍	20			禁用	编辑
犊牛一舍	122			启用	编辑
犊牛二舍	21			启用	编辑
犊牛五舍	36	犊牛配方	60 : 0 : 40 : 0	启用	编辑

配方

饲喂头数* 122

配方名称* 犊牛配方

班次1比例(%) 60

班次2比例(%) 0

班次3比例(%) 40

班次4比例(%) 0

状态 启用

保存　关闭

图4-12　更新犊牛圈舍配方

（1）初乳。出生后0.5～1 h内第一次哺喂初乳，首次灌服犊牛体重10%、含70～100 mg以上IgG的初乳（一般体重≤30 kg饲喂3 L；体重>30 kg饲喂4 L）。首次饲喂后6～8 h之内再饲喂2 L含70～100 mg以上IgG的初乳；如哺喂冷冻初乳，应加热至38～39℃，投喂过程中要注意方式方法，避免出现投喂到气管导致异物性肺炎或犊牛死亡，初乳饲喂后间隔8 h开始饲喂常乳。

（2）喂奶。哺乳期为60 d，哺乳量410 kg。每日3次，每次饲喂量相等，哺乳要做到定时、定温、定量、定人、定质，表4-1为犊牛不同阶段哺乳量。

表4-1　犊牛不同阶段哺乳量

犊牛日龄（d）	日喂奶量（kg）	阶段奶量（kg）
0～15	6	90
16～50	8	280
51～60	4	40
合计		410

（3）开食。犊牛出生3 d后，即可训练采食精饲料。在犊牛岛前安置采食桶，内放少量精饲料，让犊牛自由采食。犊牛给料坚持少加勤加的原则，保证饲喂器具及饲料卫生，保证犊牛吃到最新鲜的颗粒料，禁止出现饲料发霉、变质情况。

给料时间：出生后第4天开始给料，24 h不能断料。

4.2.5.2　巡栏

巡栏是犊牛养殖日常管理的重要环节，需安排专职兽医负责巡栏，及时发现病牛并进行治疗。

牛群观察：牛舍中的牛只分布情况；在通道和卧床的比例。

个体观察：健康的犊牛一般精神状态良好、活泼好动、采食欲望旺盛，而精神萎靡不振、驱赶不走、没有胃口等特征都是一种不健康的信号。注意观察牛只警觉性、被毛情况、牛体卫生洁净度、膘情体况、瘤胃和腹部充盈度、表皮损伤、运动姿势。

4.2.5.3　卫生

犊牛岛每日清扫，以确保干净、干爽，一周两次用0.1%过氧乙酸溶液给犊牛消毒。将犊牛迁往其他牛场后，先将犊牛岛完全清扫一遍，再用2%氢氧化钠溶液进行灭菌消毒，并使犊牛岛空栏7～10 d后自然风干。喂食用具彻底清洁之后，使用0.1%过氧乙酸溶液或0.1%高锰酸钾溶液进行浸润消毒。

参考文献

班冬玲，2023. 犊牛断奶期影响因素及饲养管理要点[J]. 中国动物保健，25（7）：94-95.

谷田雨，2023. 不同去角方式对低日龄犊牛疼痛反应的影响[D]. 大庆：黑龙江八一农垦大学.

何东健，孟凡昌，赵凯旋，等，2016. 基于视频分析的犊牛基本行为识别[J]. 农业机械学报，47（9）：294-300.

王佳堃，2021. 幼龄反刍动物消化道微生物演替与健康[C]. 第十四届全国系统动物营养学发展论坛.

张鑫玥，何丽华，张永根，等，2021. 粗饲料促进犊牛瘤胃发育的研究进展[J]. 动物营养学报，33（2）：710–718.

BORDERAS T F，DE PASSILLÉ A M，RUSHEN J，2008. Behavior of dairy calves after a low dose of bacterial endotoxin1[J]. Journal of Animal Science，86（11）：2920–2927.

REDBO I，NORDBLAD A，1997. Stereotypies in heifers are affected by feeding regime[J]. Applied Animal Behaviour Science，53（3）：193–202.

SMITH R H，1959. The development and function of the rumen in milk-fed calves[J]. The Journal of Agricultural Science，52（1），72–78.

STEWART M，STOOKEY J M，STAFFORD K J，et al.，2009. Effects of local anesthetic and a nonsteroidal antiinflammatory drug on pain responses of dairy calves to hot-iron dehorning [J]. J Dairy Sci，92（4）：1512–1519.

WINDER C B，LEBLANC S J，HALEY D B，et al.，2016. Practices for the disbudding and dehorning of dairy calves by veterinarians and dairy producers in Ontario，Canada [J]. J Dairy Sci，99（12）：10161–10173.

第五章　育成期奶牛智能化养殖

育成期奶牛指的是犊牛从断奶后开始到产犊之前这一阶段，通常是指6月龄至2周岁的牛。育成期奶牛阶段是消化系统、免疫系统等快速发育的时期，其生长发育得好坏，对成牛的体型、体况、产奶量和繁殖性能有很大影响。目前，国际上通过测量体格的发育判定育成期奶牛的生长状况。育成期奶牛生长发育旺盛，对营养物质的需求量高，易出现生长发育个体间差异显著等问题。因此，育成期及时调群，进行分群精细化养殖显得尤为重要。

5.1　育成期奶牛分群饲养管理

5.1.1　育成期奶牛管理目标

（1）育成期奶牛日增重：大于800 g/d。

（2）育成期奶牛淘汰率：小于5%。

（3）产犊月龄：最好在23～24月龄；产犊时体重大于590 kg。

（4）配种月龄：应在14～15月龄，配种时体重大于380 kg，体高大于127 cm。

（5）犊牛初生重：应在40～45 kg。

5.1.2　体重的自动测量

奶牛的体重变化是反映奶牛生长发育和健康状况的重要参数，反映了饲料营养和养殖场管理等因素对奶牛产生的影响。通过查看牛只体重变化曲线，可以及时了解牛只的能量平衡情况、生长发育情况；通过监控牛只体重变化，可以及时发现病牛；奶牛在能量正平衡时输精能够提高妊娠率，所以通过查看牛只体重曲线有利于掌握最佳的输精时机；体重参数也是奶牛体型评分的重要参考指标。因此体重预测系统应具有较高的敏感性，以确保产生精确且高效的预测。

传统的奶牛体重称量方法为：人工将奶牛逐头驱赶到地磅上称重，并记录测量值。这种方法的缺点是工作量大、不易操作，奶牛容易产生应激，导致称重精准度下降，测量工人的生命安全也无法得到保障。随着信息技术在养殖行业的深入应用，畜牧业已开始向精细化方向发展，从动物福利角度出发，利用无应激非接触式监测手段，借助智能称重、电子耳标识别、数据管理为一体的自动化设备，实现奶牛体重在动态条件下的自动称取，提高了奶牛体重的称量效率，节约了劳动成本。

5.1.3　分群管理

5.1.3.1　小育成期奶牛（7～12月龄）的饲养管理

7～12月龄育成期奶牛是个体定型阶段，身体生长发育迅速。这个时间段的牛，以粗饲料为主，可补喂一些精饲料，每天精饲料的提供量为2～2.5 kg。这个阶段奶牛的瘤胃发育得非常快，其容积可达整个胃容积总量的70%以上，基本快接近成年牛的胃容积。由于这一时期奶牛对青粗饲料的消化和吸收能力显著提升，因而要加大对青粗饲料的投喂量，以加快对瘤胃的进一步发育。统计发现，在正常的饲养条件下，10月龄左右的奶牛，体重可增加到240～260 kg，1岁龄的可达275 kg左右，而体高能达到110 cm以上。需要说明的是，这一时期已经是奶牛性成熟的阶段，生殖系统的发育非常快，性器官和第二性征也同样如此，尤其是乳腺系统在奶牛体重达到160～280 kg时发育最迅速。而且，7～10月龄母牛卵巢已经开始出现成熟的卵泡，能够发情排卵。

此期是奶牛生长发育最旺盛阶段，为了尽早达到配种时间，平均日增重需达到700～800 g，体况评分达到2.5～3分。

同时，育成期奶牛蹄部生长发育快，蹄质相对较软，若不定期修整，则容易出现肢蹄病或跛行，奶牛10月龄开始，每年春、秋分别修蹄1次。

5.1.3.2　大育成期奶牛（13～17月龄）的饲养管理

此期育成期奶牛消化器官发育接近成年奶牛，日粮以青粗饲料为主。

从12月龄开始观察青年牛发情情况，一般14～15月龄，体重达到成年体重的75%（约为350 kg）可以配种。过早的配种，奶牛未达到性成熟，会导致牛只出现难产的概率升高，还会使奶牛发育不良，也不利于后期乳的分泌。过晚的配种又会推迟产奶的时间，增加养殖成本。此期母牛应为中等膘情（3～3.5分），外形清秀，肋部可隐约看到最后3根肋骨的轮廓，日增重800～900 g。

15月龄以后的母牛一旦妊娠，其生长速度逐渐下降，体况横向发展。应根据母牛的膘情来确定提供给母牛的精饲料饲喂量，防止母牛出现过肥的状况。

乳房按摩可以刺激乳腺发育，提高产后泌乳量，一般在奶牛12月龄每天按摩1次，18月龄每天按摩2次，按摩时可用热毛巾擦拭，一般产前30 d停止按摩，每次按摩时间为8～10 min。同时，育成期奶牛每天擦拭体表1～2次，每次5 min。

5.1.3.3　青年牛（18月龄至产前1个月）的饲养管理

这一时期的青年牛一般为怀孕母牛。怀孕后可将生长速度调整为日增重800～900 g，头胎牛分娩前体重大于590 kg，体高大于138 cm。当育成期奶牛怀孕至分娩前3个月，由于胚胎的迅速发育以及育成期奶牛自身的生长，如果这一阶段营养不足，将影响育成期奶牛的体格及胚胎的发育，但营养过于丰富，将导致过肥，引起难产、产后综合征等。

应为育成期奶牛建立档案，每个月称量体重，每个季度测量体尺，对奶牛生长发育进行监测。要定期对育成期奶牛进行仔细观察，观察其膘情状况，体重维持在345～355 kg，既不能过肥，又避免过瘦，尤其要观察牛的骨骼、生殖器官以及乳腺等部位的发育情况。加强母牛运动，可以提升其食欲，保持其体况，延长其利用时间，提高其产奶量。

奶牛能否高产，除了具有健康的身体外，乳房的发育好坏也同样极为重要。由于妊娠后期乳房组织正处于高度发育时期，因而及时对乳房实施按摩，对乳腺的发育极为有利。有统计资料表明，乳房按摩可提高产奶量15%～20%，并且对初孕奶牛更为重要。

5.2 育成期奶牛智能化养殖

育成期奶牛主要的生产业务包括发情、配种、修蹄、蹄浴、初检、复检、体况评分、日常管理。针对这些业务，养殖人员和管理人员通过奶牛智慧养殖管理手持终端设备和奶牛智慧养殖管理系统，实时开展育成期奶牛智能化养殖管理工作。

5.2.1 发情

育成期牛在养殖产业当中扮演着十分重要的角色。其健康状况在一定程度上会影响到犊牛的成活率以及健康状态，进而影响养殖场的整体经济效益。育成期奶牛的根本目的是保证母牛快速发情，快速配种，生产出健壮的犊牛，以此来扩大养殖规模，实现高产稳产。而要想达到这一目标，就需要对母牛的发情周期和发情鉴定方法有所掌握和了解，做到科学发情鉴定，科学人工授精，提升母牛的受胎率。

母牛的发情是指从母牛卵巢上卵泡的发育，到能够排出正常的成熟卵子，同时母牛外生殖器官和行为特征上呈现一系列变化的生理和行为的过程。

发情鉴定：成年母牛的发情征兆为母牛从发情开始到发情结束所表现出来的一系列行为。可根据奶牛的不同表现划分为发情早期、发情旺期和发情晚期3个阶段。

（1）发情早期：母牛表现出一定的紧张和不安，来回走动，开始频繁且大声地哞叫，后腿拉开，弯腰举尾，同时会追逐其他母牛，用头顶其他母牛的臀部，嗅舔其他母牛的外阴，并试图爬跨，但若被爬跨母牛还未发情，则会躲避。此时外阴轻微红肿，可见少量透明黏液分泌。

（2）发情旺期：特征同发情早期征兆相似，不同点为母牛开始站立不动，接受其他奶牛的爬跨。此时外阴充血肿胀，流出黏稠的清亮黏液，可呈丝状。

（3）发情晚期：母牛不再接受爬跨，紧张与不安逐渐趋于平静。此时外阴肿胀消退，流出较粗的乳白色混浊状黏液。

养殖人员通过手持终端设备输入发情信息（图5-1），具体操作如下：选择“生产”“发情”，扫描母牛耳号，选择“发情类型”［包括自然发情（人工观察）、自然发情（蜡笔）、自然发情（计步器）、自然发情（公牛本交）］、“发现方式”（包括爬跨、直检、喷漆、计步器），同时记录“时间”“操作人”，最后点击“保存发情记录”。

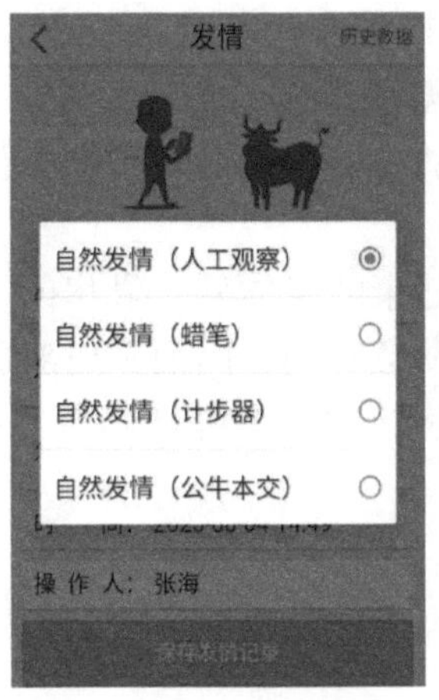

图5–1　输入发情信息

在智慧养牛系统中点击“养殖管理”，选择“发情”进入“发情管理”页面（图5–2），选择“耳号”，输入“发情时间”可直接查询发情信息（图5–3）和编辑发情记录，具体操作如下：点击“添加”，选择“耳号”“发情类型”“发现方式”“操作人”，填写“发情日期”，添加发情记录（图5–4）。

耳号： 请选择　发情时间： 请选择时间段　搜索　清空

添加

编号	耳号	发情类型	发现方式	发情时间	操作人	操作
134	2233	自然发情（人工观察）	爬跨	2021-08-13	张海	删除
133	2233	自然发情（人工观察）	爬跨	2021-02-03	王刚	删除
132	1000087	自然发情（蜡笔）	直检	2020-11-30	李刚	删除
131	1000019	自然发情（人工观察）	直检	2020-12-15	王刚	删除
130	100008	自然发情（蜡笔）	喷漆	2020-12-14	王立军	删除
129	1000019	自然发情（蜡笔）	爬跨	2020-12-07	王立军	删除
128	1000016	自然发情（蜡笔）	喷漆	2020-12-13	王刚	删除
127	1000015	自然发情（蜡笔）	直检	2020-11-29	王立军	删除
126	1000017	自然发情（蜡笔）	爬跨	2020-12-08	张嘉文	删除
125	1000014	自然发情（人工观察）	爬跨	2020-12-07	王立军	删除

图5–2　“发情管理”页面

耳号： 请选择　发情时间： 请选择时间段　搜索　清空

请选择
100002
100003
2233
100004
100054
100007
100008
100009

2023年 11月　2023年 12月
日 一 二 三 四 五 六
选择时间　清空　确定

编号	耳号	发情类型	发现方式	发情时间	操作人	操作
134					张海	删除
133					王刚	删除
132					李刚	删除
131					王刚	删除
130					王立军	删除
129	1000019				王立军	删除
128	1000016				王刚	删除
127	1000015	自然发情（蜡笔）	直检	2020-11-29	王立军	删除
126	1000017	自然发情（蜡笔）	爬跨	2020-12-08	张嘉文	删除
125	1000014	自然发情（人工观察）	爬跨	2020-12-07	王立军	删除

图5–3　查询发情信息

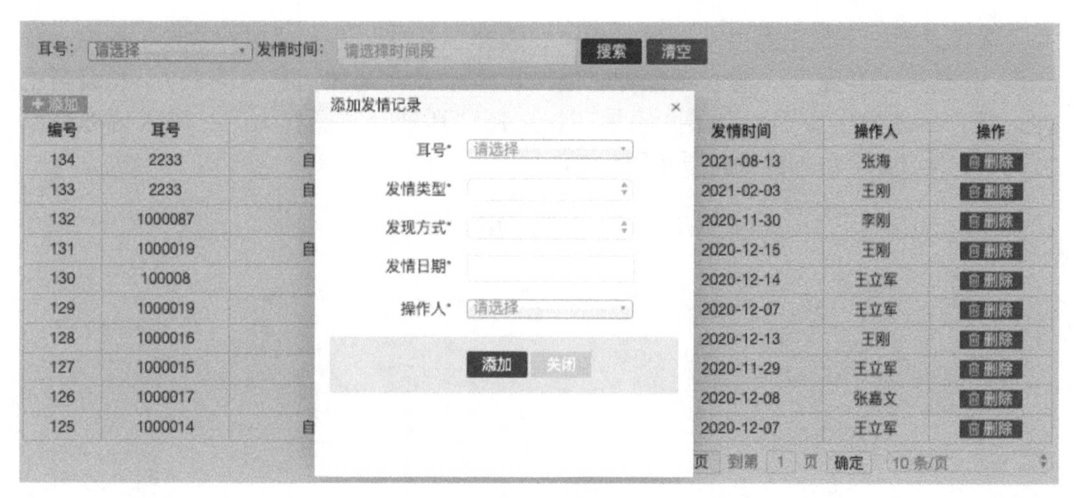

图5-4　添加发情记录

5.2.2　配种

育成母牛初次发情的早晚主要取决于合适的体况与体重，而月龄并不是决定因素。营养状况好的牛性成熟早。母牛的初次配种年龄应根据母牛的生长发育速度、饲养管理水平、生理状况和营养等因素综合考虑，其中最重要的是根据体重确定。在一般情况下，母牛开始配种以牛体发育匀称、体重达到成年母牛体重70%以上时为最合适时期。此时配种，一是有利于母牛的健康；二是其产的犊牛强壮。

养殖人员通过手持终端设备，输入配种信息（图5-5），具体操作如下：选择“生产”“配种”，扫描“牛耳号”，输入“冻精编号”，同时记录“时间”“操作人”，最后保存配种记录。

图5-5　输入配种信息

在智慧养牛系统中点击“养殖管理”，选择“配种”进入“配种管理”页面（图5-6），选择“耳号”，输入“配种时间”可直接查询配种信息（图5-7）和编辑配种记录，具体操作如下：点击“添加”，选择“耳号”“操作人”，输入“冻精编号”“配种日期”添加配种记录（图5-8）。

耳号：请选择　配种时间：请选择时间段　搜索　清空

+添加

编号	耳号	冻精编号	配种时间	操作人	操作
87	1000087	11	2020-12-01	王刚	删除
86	1000019	12	2020-12-01	王刚	删除
85	1000019	5	2020-12-07	王刚	删除
84	1000015	5	2020-12-13	王刚	删除
83	1000013	56	2020-11-30	王刚	删除
82	1000017	67	2020-11-30	王刚	删除
81	1000014	67	2020-12-01	李刚	删除
80	1000010	34	2020-12-14	王立军	删除
79	100009	43	2020-11-30	王刚	删除
78	100008	12	2020-11-29	王立军	删除

图5-6　“配种管理”页面

耳号：请选择　配种时间：请选择时间段　搜索　清空

请选择
100002
100003
2233
100004
100054
100007
100008
100009
1000010

《 〈 2023年 11月　　2023年 12月 〉 》

日	一	二	三	四	五	六	日	一	二	三	四	五	六
29	30	31	1	2	3	4	26	27	28	29	30	1	2
5	6	7	8	9	10	11	3	4	5	6	7	8	9
12	13	14	15	16	17	18	10	11	12	13	14	15	16
19	20	21	22	23	24	25	17	18	19	20	21	22	23
26	27	28	29	30	1	2	24	25	26	27	28	29	30
3	4	5	6	7	8	9	31	1	2	3	4	5	6

选择时间　清空　确定

编号	耳号	冻精编号	配种时间	操作人	操作
87				王刚	删除
86				王刚	删除
85				王刚	删除
84				王刚	删除
83				王刚	删除
82	1000017			王刚	删除
81	1000014			李刚	删除
80	1000010	34	2020-12-14	王立军	删除
79	100009	43	2020-11-30	王刚	删除
78	100008	12	2020-11-29	王立军	删除

图5-7　查询配种信息

耳号：请选择　配种时间：请选择时间段　搜索　清空

+添加

添加配种记录　×

耳号*　请选择

冻精编号*

配种日期*

操作人*　请选择

添加　关闭

编号	耳号	操作人	操作
87	1000087	王刚	删除
86	1000019	王刚	删除
85	1000019	王刚	删除
84	1000015	王刚	删除
83	1000013	王刚	删除
82	1000017	王刚	删除
81	1000014	李刚	删除
80	1000010	王立军	删除
79	100009	王刚	删除
78	100008	王立军	删除

到第 1 页　确定　10 条/页

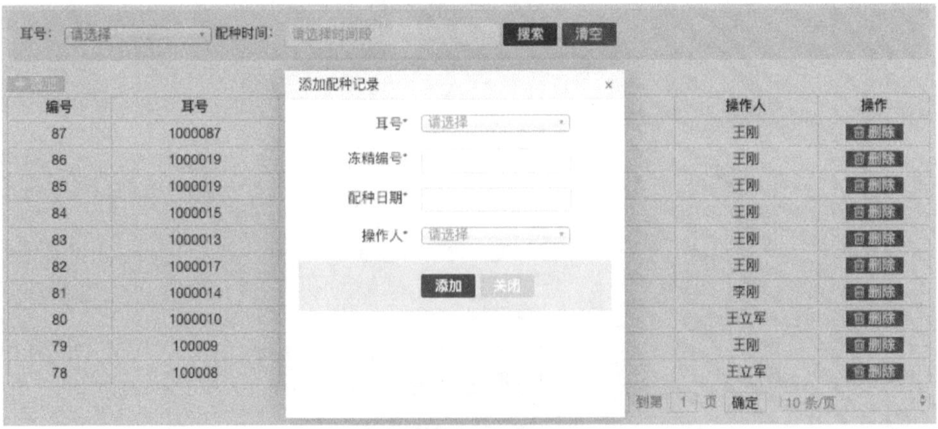

图5-8　添加配种记录

5.2.3 修蹄

蹄病是造成牛群损失最大的疾病之一，每年进行2次保健性修蹄，对患蹄病的牛及时进行修蹄与治疗，是保证高产的主要环节。

（1）成年母牛每年保证2次修蹄（泌乳中期1次及干奶前1次），南方6—8月不进行保健性修蹄。

（2）牛只在干奶前进行1次修蹄，干奶前无变形、无蹄病且正常的牛只可不用修蹄。

养殖人员通过手持终端设备，接受任务工单并完成修蹄信息录入（图5-9），具体操作如下：选择“生产”“修蹄”，扫描“牛耳号”，选择“修蹄左前”“修蹄右前”“修蹄左后”“修蹄右后”处理方式（包括常规护理、有病理发现并治疗、蹄病），输入“药费总价”，添加“备注”，并记录“时间”“操作人”，保存修蹄记录。

图5-9 修蹄信息录入

对已完成的修蹄信息在智慧养牛系统中点击“养殖管理”，选择“修蹄”进入“修蹄管理”页面（图5-10），选择“耳号”，输入“修蹄时间”可直接查询修蹄信息（图5-11）和编辑修蹄记录，具体操作如下：点击“添加”，选择“耳号”，选择“修蹄左前”“修蹄右前”“修蹄左后”“修蹄右后”处理方式，输入“药费总价”，添加“备注”，并记录“修蹄日期”，选择“操作人”添加修蹄记录（图5-12）。

耳号：请选择 修蹄时间：请选择时间段 搜索 清空

+ 添加

编号	耳号	修蹄左前	修蹄右前	修蹄左后	修蹄右后	药费总价	修蹄时间	操作人	操作
20	223344	常规护理	常规护理	常规护理	常规护理	0.00	2021-08-13	张海	删除
19	1000040	有病理发现并治疗	常规护理	蹄病	蹄病	32.00	2021-01-26	王立军	删除
18	100008	有病理发现并治疗	有病理发现并治疗	常规护理	蹄病	35.00	2021-01-26	王刚	删除
17	1000033	常规护理	蹄病	有病理发现并治疗	常规护理	15.00	2021-02-03	王立军	删除
16	100054	常规护理	有病理发现并治疗	有病理发现并治疗	有病理发现并治疗	31.00	2021-02-03	王立军	删除
15	100008	有病理发现并治疗	有病理发现并治疗	蹄病	常规护理	31.00	2021-01-24	王刚	删除
14	100008	有病理发现并治疗	常规护理	蹄病	蹄病	36.00	2021-01-18	王立军	删除
13	100054	有病理发现并治疗	有病理发现并治疗	常规护理	有病理发现并治疗	32.00	2021-01-28	王立军	删除
12	100009	蹄病	有病理发现并治疗	常规护理	有病理发现并治疗	25.00	2021-01-26	王刚	删除
11	10000201	常规护理	常规护理	常规护理	常规护理	200.00	2020-12-03	王刚	删除

图5-10 “修蹄管理”页面

图5-11　查询修蹄信息

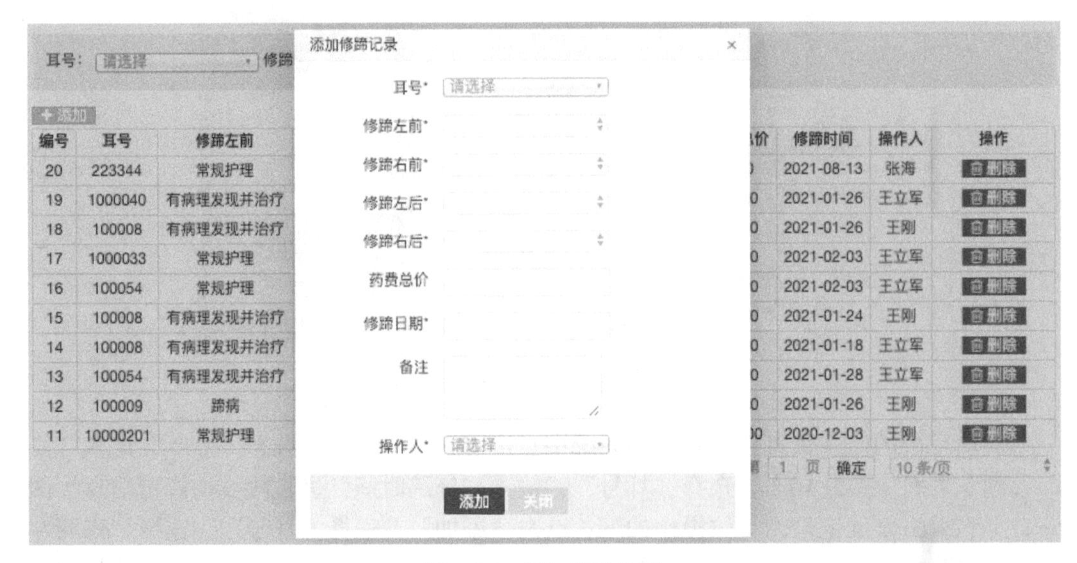

图5-12　添加修蹄记录

5.2.4　蹄浴

蹄浴作为预防蹄病有效的手段之一，其有效性直接关系到奶牛整个泌乳期为牧场创造的价值。蹄浴的主要目的之一是预防传染性蹄病，传染性蹄病主要包括疣性皮炎、指（趾）间皮炎、腐蹄病（蹄蜂窝组织炎）等。传染性蹄病可以利用蹄浴预防、治疗，其主要特点是：简单、快速、有效。蹄浴主要是通过清洁和消毒牛蹄部，对早期的疣性皮炎、蹄趾皮炎有治疗作用，对于晚期疣性皮炎有控制复发的作用；蹄浴还可以有效地减少指（趾）间皮炎、腐蹄病（蹄蜂窝组织炎）的发病率。

5.2.5　初检

初检就是初次检查母牛配种是否怀孕、是否正常，若发现异常，及时采取措施，加以解决，便于进行下一步工作。初检在整个繁育过程中起着承前启后的作用，早期诊断出空怀牛可减少经济损失，正确的诊断可确定妊娠期、计算预产期和安排干奶期，因此初检工作具有重要实际意义。

养殖人员通过手持终端设备，选择“生产”“初检”，扫描“牛耳号”，选择“初检结果”“初检方式”“孕测”，输入“子宫状况”，添加“备注”，同时记录“时间”“操作人”，点击“保存初检记录”输入初检信息（图5-13）。

图5-13　输入初检信息

在智慧养牛系统中点击“养殖管理”，选择“初检”进入“初检管理”页面（图5-14），选择“耳号”，输入“初检时间”可直接查询初检信息（图5-15）和编辑初检记录，点击“添加”，选择母牛“耳号”，选择“初检结果”“初检方式”“孕测”，输入“子宫状况”“初检日期”，添加“备注”，同时选择“操作人”，完成初检记录添加（图5-16）。

耳号: 请选择　初检时间: 请选择时间段　搜索　清空

+添加

编号	耳号	初检结果	初检方式	孕测	子宫状况	初检时间	操作人	操作
60	1000087	初检+	试剂检测	左		2020-12-15	王立军	删除
59	1000019	初检+	试剂检测	右	1	2020-11-30	王刚	删除
58	1000065	初检+	试剂检测	左		2020-12-01	王刚	删除
57	1000017	初检-	试剂检测	左		2020-12-01	王刚	删除
56	100009	初检+	直检	左		2020-11-30	王立军	删除
55	1000015	初检+	直检	右		2021-01-05	王刚	删除
54	1000013	初检+	试剂检测	右		2020-12-06	王刚	删除
53	1000019	初检+	试剂检测	右		2020-12-14	王刚	删除
52	1000010	初检+	直检	右		2020-12-08	王立军	删除
51	1000014	初检+	直检	右		2020-11-30	王立军	删除

图5-14　“初检管理”页面

耳号：请选择 初检时间：请选择时间段 搜索 清空

+添加

编号	耳号	初检结果				时间	操作人	操作
60		初检+				12-15	王立军	删除
59		初检+				11-30	王刚	删除
58		初检+				12-01	王刚	删除
57		初检-				12-01	王刚	删除
56		初检+				11-30	王立军	删除
55	1000015	初检+				01-05	王刚	删除
54	1000013	初检+				12-06	王刚	删除
53	1000019	初检+	试剂检测	右		2020-12-14	王刚	删除
52	1000010	初检+	直检	右		2020-12-08	王立军	删除
51	1000014	初检+	直检	右		2020-11-30	王立军	删除

图5-15　查询初检信息

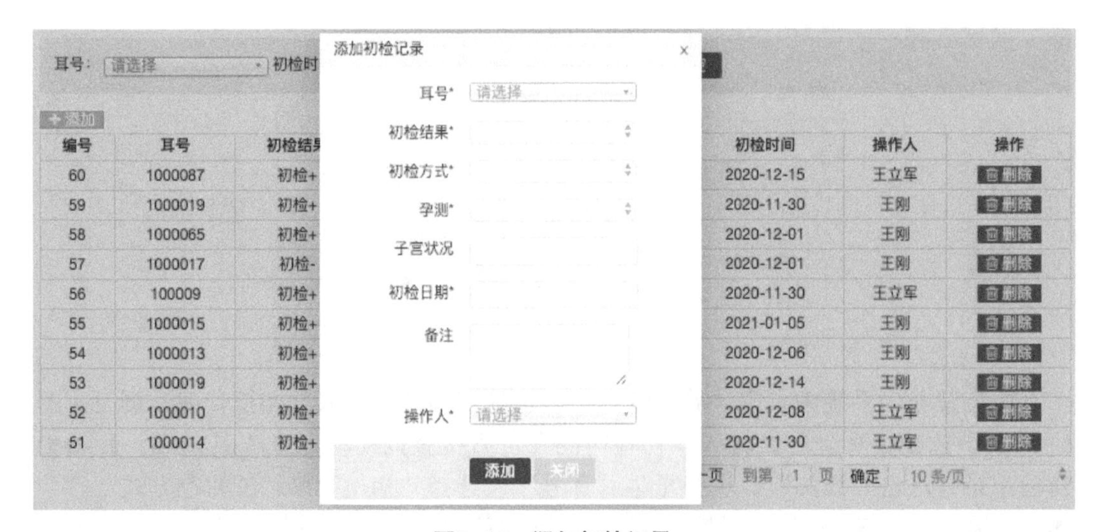

图5-16　添加初检记录

5.2.6　复检

复检也是繁育过程中的重要环节，一般选择在配种后180～210 d进行。复检发现异常，生产管理者可以及时寻找原因，采取措施，减少损失。这是系统对复检过程进行计算机管理的重要原因。复检过程与初检过程类似。此步骤需要记录的信息有牛耳号、复检结果、胎儿状况以及复检时间等。

养殖人员通过手持终端设备，选择“生产”“复检记录”，扫描“牛耳号”，选择“复检结果”“胎儿状况”，添加“备注”，并记录“时间”“操作人”，输入复检记录（图5-17）。

图5-17　输入复检记录

在智慧养牛系统中点击“养殖管理”，选择“复检”进入“复检信息管理”页面（图5-18），选择“耳号”，输入“复检时间”可直接查询复检信息（图5-19）和编辑复检记录，点击“添加”，选择母牛“耳号”，选择“复检结果”“胎儿状况”“操作人”，添加“备注”，同时记录“复检日期”，完成复检记录添加（图5-20）。

耳号: 请选择　复检时间: 请选择时间段　搜索　清空

+添加

编号	耳号	复检结果	胎儿状况	复检时间	操作人	操作
52	1000087	复检+	正常	2020-12-15	王立军	删除
51	1000019	复检+	异常	2020-12-14	王刚	删除
50	1000019	复检+	正常	2020-12-09	王立军	删除
49	1000065	复检-	异常	2020-12-16	张嘉文	删除
48	1000015	复检+	正常	2020-12-02	王立军	删除
47	1000014	复检+	异常	2020-12-01	王立军	删除
46	100009	复检+	正常	2020-12-09	李刚	删除
45	1000013	复检+	正常	2020-12-14	王立军	删除
44	1000010	复检-	正常	2020-12-14	王刚	删除
43	100004	复检+	正常	2020-12-01	李刚	删除

图5-18　“复检信息管理”页面

图5-19　查询复检信息

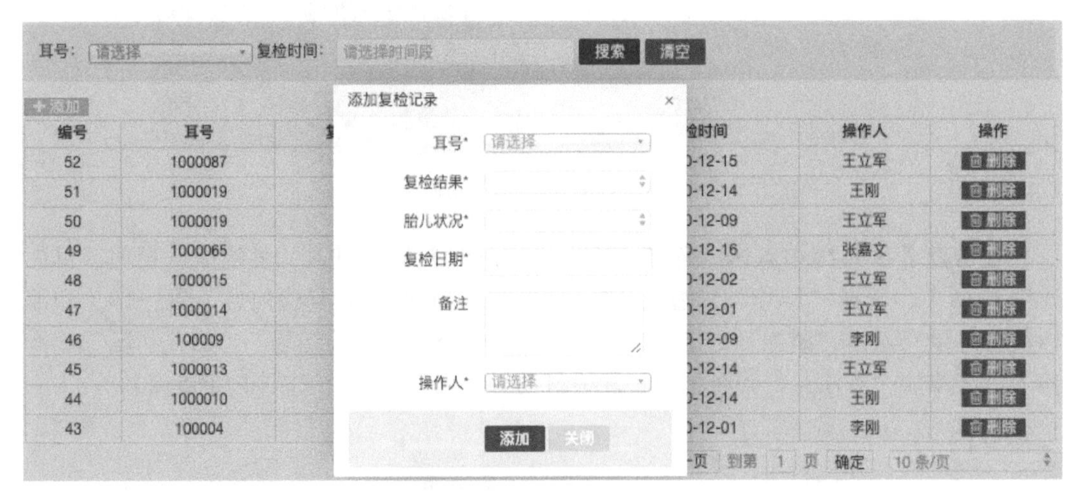

图5-20　添加复检记录

5.2.7　体况评分

规模化养殖过程中，体况评分对优良品种的选育具有重要意义。在一定程度上，奶牛的体况评分可以评价优劣品种及生产性能水平，是下一步操作的基础和依据。

养殖人员通过手持终端设备，选择“生产”“体况评分”，扫描“牛耳号”，输入“当前评分”，选择“评分类型”（包括例行评分、干奶评分、产犊评分、配种评分、200 d评分、干奶前评分），记录“时间”“操作人”，点击“保存体况评分记录”输入体况评分记录（图5-21）。

图5-21　输入体况评分记录

在智慧养牛系统中点击“养殖管理”，选择“体况评分”进入“体况评分信息管理”页面（图5-22），选择“耳号”，输入“体况评分时间”可直接查询体况评分信息（图5-23）和编辑体况评分记录，点击“添加”，选择“耳号”“评分类型”“操作人”，输入“评分”，同时记录“评分时间”，完成体况评分记录添加（图5-24）。

耳号: 请选择　体况评分时间: 请选择时间段　搜索　清空

添加

编号	耳号	评分时间	评分	评分类型	操作人	操作
30	223344	2021-08-13	1.00	200天评分	张海	编辑 删除
29	1000016	2021-01-20	2.00	干奶评分	王立军	编辑 删除
28	10000199	2021-01-05	3.00	产犊评分	张嘉文	编辑 删除
27	1000015	2021-01-04	2.00	干奶评分	李虎	编辑 删除
26	1000014	2020-12-28	5.00	200天评分	张帅	编辑 删除
25	2233	2021-01-13	3.00	200天评分	张帅	编辑 删除
24	100055	2020-12-03	1.00	例行评分	王刚	编辑 删除
23	100043	2020-12-15	1.20	产犊评分	王刚	编辑 删除
21	100041	2020-11-10	2.00	配种评分	王刚	编辑 删除
20	100021	2020-11-02	3.00	干奶评分	王刚	编辑 删除

图5-22　“体况评分信息管理”页面

耳号：请选择　体况评分时间：请选择时间段　搜索　清空

+添加

请选择
100002
100003
2233
100004
100054
100007
100008
100009
1000010

« ‹ 2023年 11月　　2023年 12月 › »

日	一	二	三	四	五	六
29	30	31	1	2	3	4
5	6	7	8	9	10	11
12	13	14	15	16	17	18
19	20	21	22	23	24	25
26	27	28	29	30	1	2
3	4	5	6	7	8	9

日	一	二	三	四	五	六
26	27	28	29	30	1	2
3	4	5	6	7	8	9
10	11	12	13	14	15	16
17	18	19	20	21	22	23
24	25	26	27	28	29	30
31	1	2	3	4	5	6

选择时间　清空　确定

编号	耳号	评分时间	评分	评分类型	操作人	操作
30	[illegible]	[illegible]	[illegible]	分	张海	编辑 删除
29	6	[illegible]	[illegible]	分	王立军	编辑 删除
28	9	[illegible]	[illegible]	分	张嘉文	编辑 删除
27	1000015	[illegible]	[illegible]	分	李虎	编辑 删除
26	1000014	2020-12-28	5.00	200天评分	张帅	编辑 删除
25	2233	2021-01-13	3.00	200天评分	张帅	编辑 删除
24	100055	2020-12-03	1.00	例行评分	王刚	编辑 删除
23	100043	2020-12-15	1.20	产犊评分	王刚	编辑 删除
21	100041	2020-11-10	2.00	配种评分	王刚	编辑 删除
20	100021	2020-11-02	3.00	干奶评分	王刚	编辑 删除

图5-23　查询体况评分信息

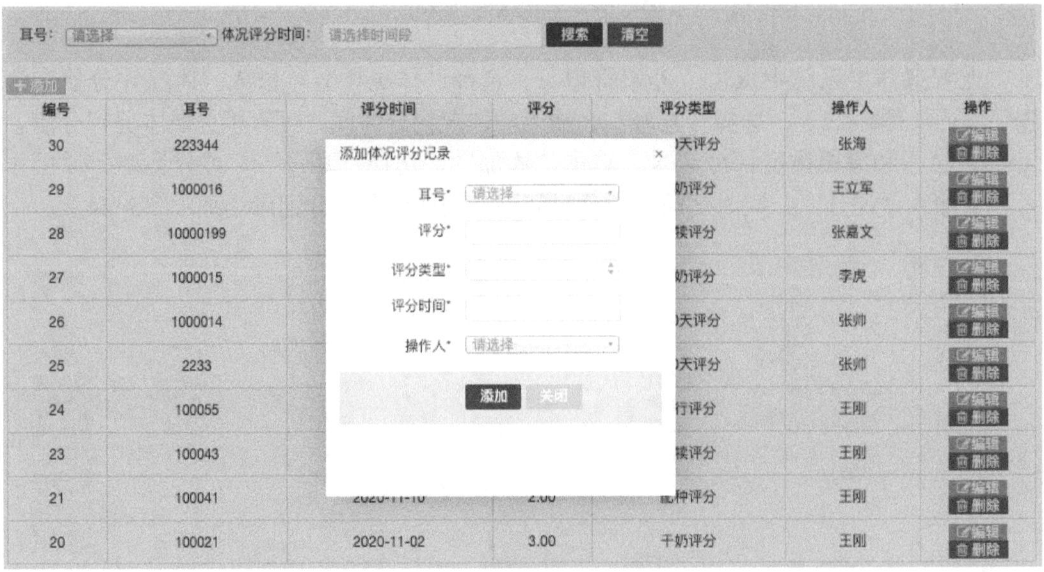

耳号：请选择　体况评分时间：请选择时间段　搜索　清空

+添加

编号	耳号	评分时间	评分	评分类型	操作人	操作
30	223344	[illegible]	[illegible]	天评分	张海	编辑 删除
29	1000016	[illegible]	[illegible]	奶评分	王立军	编辑 删除
28	10000199	[illegible]	[illegible]	犊评分	张嘉文	编辑 删除
27	1000015	[illegible]	[illegible]	奶评分	李虎	编辑 删除
26	1000014	[illegible]	[illegible]	天评分	张帅	编辑 删除
25	2233	[illegible]	[illegible]	天评分	张帅	编辑 删除
24	100055	[illegible]	[illegible]	行评分	王刚	编辑 删除
23	100043	[illegible]	[illegible]	犊评分	王刚	编辑 删除
21	100041	[illegible]	[illegible]	种评分	王刚	编辑 删除
20	100021	2020-11-02	3.00	干奶评分	王刚	编辑 删除

添加体况评分记录　×

耳号*　请选择
评分*
评分类型*
评分时间*
操作人*　请选择

添加　关闭

图5-24　添加体况评分记录

（1）禁配：根据母牛体况评分及生理状况实施禁配。

养殖人员通过手持终端设备，选择“生产”“禁配”，扫描“牛耳号”，选择“禁配原因”（包括无子宫、产奶量低、乳头不规则、习惯性流产、体格发育不良、恶癖牛、不孕症、子宫闭锁），添加“备注”，记录“时间”“操作人”，点击“保存禁配记录”输入禁配记录（图5-25）。

图5-25　输入禁配记录

在智慧养牛系统中点击“养殖管理”，选择“禁配”进入“禁配信息管理”页面（图5-26），选择“耳号”，输入“禁配时间”可直接查询禁配记录（图5-27）和编辑禁配记录，点击“添加”，选择“耳号”“禁配原因”，输入“禁配日期”，添加“备注”，同时选择“操作人”，完成禁配记录添加（图5-28）。

耳号：请选择　禁配时间：请选择时间段　搜索　清空

+添加

编号	耳号	禁配原因	禁配时间	备注	操作人	操作
21	223344	无子宫	2021-08-13		张海	删除
20	1000068	不孕症	2021-01-12		张嘉文	删除
19	100009	不孕症	2021-01-19		张嘉文	删除
18	1000010	产奶量低	2021-01-19		王立军	删除
17	100201	无子宫	2020-12-03		王立军	删除
16	100055	习惯性流产	2020-12-07		王立军	删除
15	100043	乳头不规则	2020-12-08		李刚	删除
14	100041	产奶量低	2020-11-03		王刚	删除
13	100021	产奶量低	2020-11-10		李刚	删除
11	100036	产奶量低	2020-11-09		王刚	删除

图5-26　“禁配信息管理”页面

图5-27　查询禁配记录

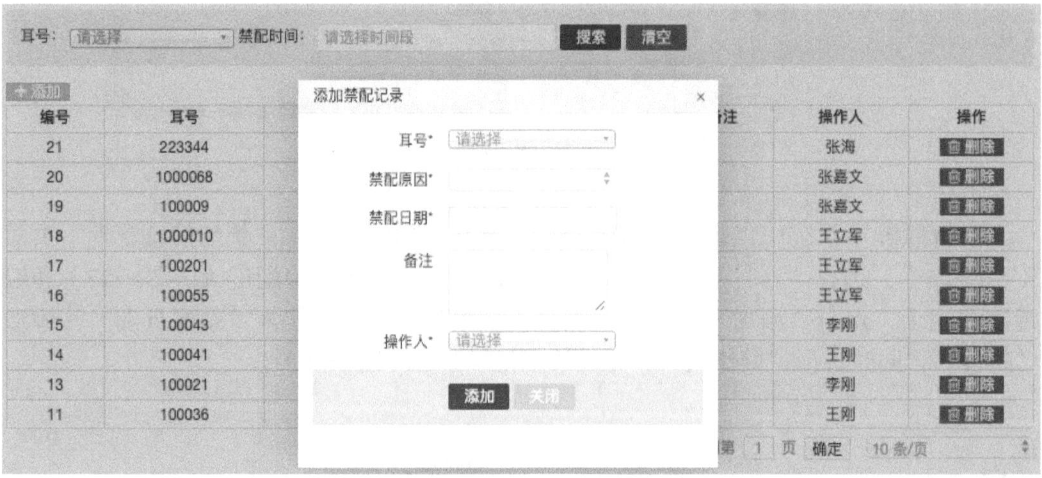

图5-28　添加禁配记录

（2）解配：根据母牛体况评分及生理状况实施解配。

养殖人员通过手持终端设备，选择“生产”“解配”，扫描“牛耳号”，输入“解配原因，添加“备注”，记录“时间”“操作人”，点击“保存解配记录”输入解配记录（图5-29）。

在智慧养牛系统中点击“养殖管理”，选择“解配”进入“解配记录管理”页面（图5-30），选择“耳号”，输入“解配时间”可直接查询解配记录（图5-31）和编辑解配记录，点击“添加”，选择“耳号”，输入“解配原因”“解配日期”，添加“备注”，同时选择“操作人”，完成解配记录添加（图5-32）。

图5-29　输入解配记录

耳号：请选择　解配时间：请选择时间段　搜索　清空

+添加

编号	耳号	解配原因	解配时间	备注	操作人	操作
23	223344		2021-08-13		张海	删除
22	10000163	禁配解除	2021-02-05		李海	删除
21	10000148	用药	2021-01-07		王刚	删除
20	1000016	时间过长	2020-12-31		王立军	删除
19	100014	无	2020-12-15		王立军	删除
16	100055	无	2020-12-14		王立军	删除
15	100043	无	2020-12-03		李刚	删除
14	100041	无	2020-11-03		王刚	删除
12	100021	无	2020-11-10		李刚	删除
11	100036	无	2020-11-10		王刚	删除

图5-30　“解配记录管理”页面

耳号：请选择　解配时间：请选择时间段　搜索　清空

请选择
100002
100003
2233
100004
100054
100007
100008
100009
1000010

2023年 11月

日	一	二	三	四	五	六
29	30	31	1	2	3	4
5	6	7	8	9	10	11
12	13	14	15	16	17	18
19	20	21	22	23	24	25
26	27	28	29	30	1	2
3	4	5	6	7	8	9

2023年 12月

日	一	二	三	四	五	六
26	27	28	29	30	1	2
3	4	5	6	7	8	9
10	11	12	13	14	15	16
17	18	19	20	21	22	23
24	25	26	27	28	29	30
31	1	2	3	4	5	6

选择时间　清空　确定

编号	耳号	解配原因	解配时间	备注	操作人	操作
23					张海	删除
22					李海	删除
21					王刚	删除
20					王立军	删除
19					王立军	删除
16	100055				王立军	删除
15	100043				李刚	删除
14	100041	无	2020-11-03		王刚	删除
12	100021	无	2020-11-10		李刚	删除
11	100036	无	2020-11-10		王刚	删除

图5-31　查询解配记录

耳号：请选择　解配时间：请选择时间段　搜索　清空

+添加

编号	耳号	操作人	操作
23	223344	张海	删除
22	10000163	李海	删除
21	10000148	王刚	删除
20	1000016	王立军	删除
19	100014	王立军	删除
16	100055	王立军	删除
15	100043	李刚	删除
14	100041	王刚	删除
12	100021	李刚	删除
11	100036	王刚	删除

1　页　确定　10条/页

添加解配记录

耳号*　请选择
解配原因*
解配日期*
备注
操作人*　请选择

添加　关闭

图5-32　添加解配记录

5.2.8 日常管理

5.2.8.1 饲喂

育成期奶牛的日粮应以青粗饲料为主，适当补喂精饲料。青粗饲料喂量一般为体重的1.2%～2.5%，要求品质良好。4～6月龄公、母犊牛可合群饲养，以后应分群饲养，加强调教，纠正恶癖。育成期奶牛精饲料配方：玉米47%、糠麸类10%、油饼类25%、高粱10%、石粉或贝壳粉2%、食盐1%、维生素A 3 000国际单位/kg，粗饲料适用禾本科牧草。

根据育成期奶牛不同生理阶段和营养需求，工作人员在智慧养牛系统内点击“精准饲喂”，选择“日粮管理”“配方管理”进入“育成期奶牛配方管理”页面（图5-33），输入“配方名称”查询已有配方，点击“添加”，依次输入“配方名称”，选择“配置人”“状态”，填写“备注”，添加新育成期奶牛饲料配方（图5-34）。

配方名称：请输入关键字... 搜索 清空

+添加

编号	配方名称	配置人	状态	配方价格	备注	操作
17	犊牛配方	张帅	启用	200.00		配方详情 编辑 删除
16	国产牛配方	张嘉文	启用	1200.00		配方详情 编辑 删除
15	育肥牛配方	王刚	禁用	1663.00		配方详情 编辑 删除
14	公牛配方	王立军	启用	1361.00		配方详情 编辑 删除
13	育肥牛配方	王立军	启用	1786.30		配方详情 编辑 删除
12	泌乳牛配方	王刚	启用	1815.60		配方详情 编辑 删除
10	育成牛配方	王刚	启用	4413.75		配方详情 编辑 删除
9	干奶牛配方	李虎	启用	2000.00		配方详情 编辑 删除

图5-33 “育成期奶牛配方管理”页面

添加配方

配方名称*

配置人* 请选择

状态* 启用

备注

添加 关闭

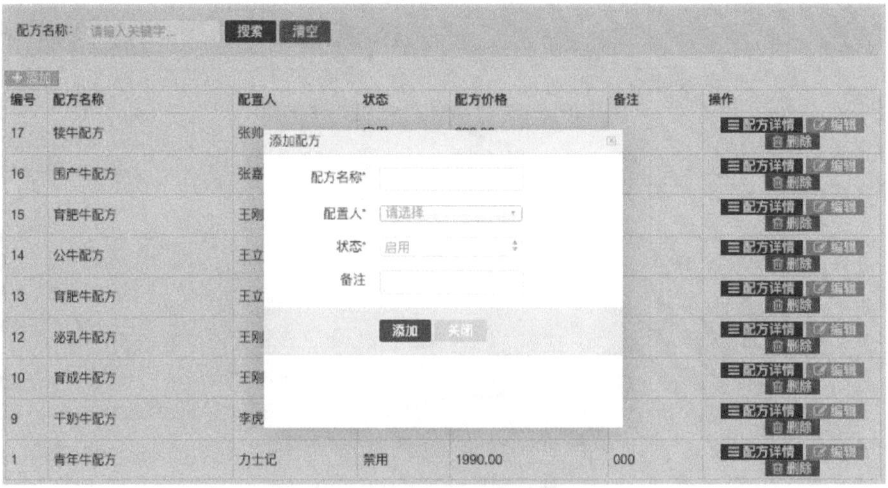

图5-34 添加新育成期奶牛配方

圈舍配方：根据育成期奶牛圈舍营养情况选择饲料配方。工作人员在智慧养牛系统内点击“精准饲喂”，选择“日粮管理”“圈舍配方”进入“育成期奶牛圈舍配方管理”页面（图5-35），点击“编辑”，输入“饲喂头数”“班次1比例（%）”“班次2比例（%）”“班次3比例（%）”“班次4比例（%）”，选择“配方名称”“状态”，更新育成期奶牛圈舍配方信息（图5-36）。

圈名称	饲喂头数	配方名称	班次比例	状态	操作
公牛一舍	88	公牛配方	60 : 0 : 40 : 0	启用	编辑
公牛三舍	152	公牛配方	60 : 0 : 40 : 0	启用	编辑
公牛二舍	95	公牛配方	60 : 0 : 40 : 0	启用	编辑
后备牛二舍	110	育肥牛配方	60 : 0 : 40 : 0	启用	编辑
后备牛四舍	86	育肥牛配方	50 : 0 : 50 : 0	禁用	编辑
干奶牛三舍	100	干奶牛配方	30 : 30 : 20 : 20	启用	编辑
成母牛一舍	154	围产牛配方	20 : 20 : 30 : 30	启用	编辑
成母牛三舍	200	围产牛配方	40 : 0 : 60 : 0	启用	编辑
成母牛二舍	60	围产牛配方	40 : 0 : 60 : 0	启用	编辑
泌乳牛一舍	93	育肥牛配方	50 : 0 : 50 : 0	禁用	编辑
泌乳牛三舍	300	育成牛配方	30 : 20 : 30 : 20	启用	编辑
泌乳牛二舍	20	青年牛配方	20 : 30 : 30 : 20	禁用	编辑

图5-35　“育成期奶牛圈舍配方管理”页面

圈名称	饲喂头数	配方名称	班次比例	状态	操作
公牛一舍	88	公牛配方	60 : 0 : 40 : 0	启用	编辑
公牛三舍	152			启用	编辑
公牛二舍	95			启用	编辑
后备牛二舍	110			启用	编辑
后备牛四舍	86			禁用	编辑
干奶牛三舍	100			启用	编辑
成母牛一舍	154			启用	编辑
成母牛三舍	200			启用	编辑
成母牛二舍	60			启用	编辑
泌乳牛一舍	93			禁用	编辑
泌乳牛三舍	300			启用	编辑
泌乳牛二舍	20			禁用	编辑
犊牛一舍	122			启用	编辑
犊牛二舍	21			启用	编辑
犊牛五舍	36	犊牛配方	60 : 0 : 40 : 0	启用	编辑

配方
饲喂头数* 110
配方名称* 育成牛配方
班次1比例(%) 60
班次2比例(%) 0
班次3比例(%) 40
班次4比例(%) 0
状态 启用
保存　关闭

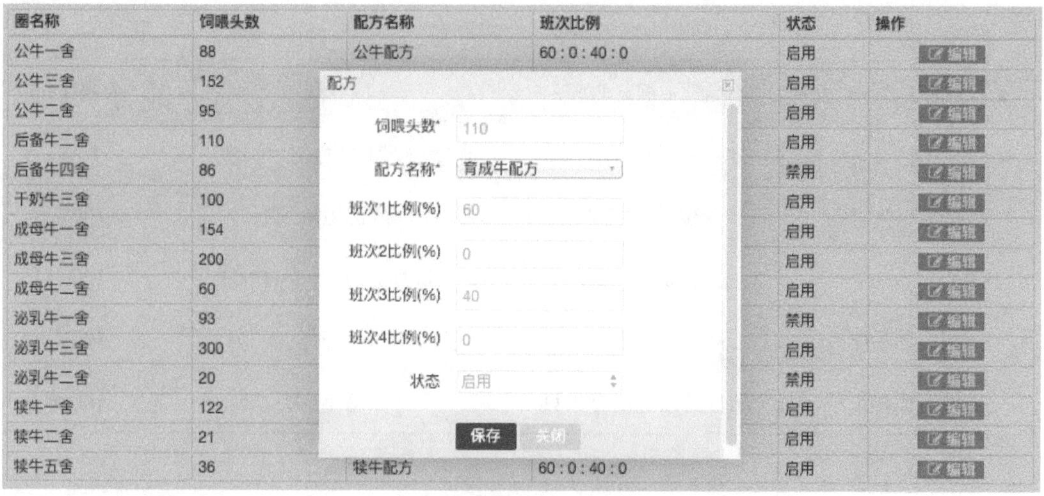

图5-36　更新育成期奶牛圈舍配方信息

5.2.8.2　巡栏

牛群观察：牛舍中的牛只分布情况；在通道和卧床的比例。

个体观察：牛只警觉性、被毛情况、牛体卫生洁净度、膘情体况、瘤胃和腹部充盈度、表皮损伤、运动姿势等变化。

5.2.8.3 免疫

免疫流程如下。

锁牛：接种疫苗时锁牛时间不能超过1 h，免疫完观察无过敏牛只后放牛。

疫苗回温：疫苗回温不彻底会增大应激反应，使用前应恢复至接近牛体体温再注射，回温方法可参考：在35 ℃水浴锅回温5 min或在25 ℃室温放置2 h。

消毒：每接种1头牛使用1支一次性无菌注射器（针头），注射部位要用5%碘酊消毒。

使用方法：严格按疫苗说明书使用方法免疫接种，免疫过程中严禁打飞针，并做好免疫记录。病牛不接种疫苗，需做好记录，待康复后补免。

过敏观察：接种疫苗后的当天对免疫过的牛群进行巡栏2～3次，巡栏人员身上必须带有肾上腺素、注射器，检查牛有无过敏反应，对接种疫苗后过敏反应严重的牛，立即皮下注射肾上腺素，并观察治疗效果。

收尾工作：集中收集接种用过的针头、疫苗空瓶、注射器、手套等，进行无害化处理，并做好记录。

5.2.8.4 检疫

育成期奶牛的检测项目、检测牛群和时间、检测频次以及检测比例见表5-1。

表5-1 检疫计划

检测项目	检测牛群与时间	检测频次	检测比例
口蹄疫抗体检测	全群牛只免疫后21 d	每次免疫21 d后，全年3次以上	10%
	新进牛群全群	入群检测1次	100%
	满180日龄犊牛	每月6—10日，1次/月	100%
布病抗体检测	60日龄	每月1—5日，1次/月	100%
结核抗原检测	60日龄以上所有牛只	每年2次	100%

5.2.8.5 调群

根据系统工单提示将进入产前（25±3）d（围产前期）的牛只转到围产前期牛舍，围产圈舍密度不得大于85%。

养殖人员通过手持终端设备选择“生产”“调群”，扫描“牛耳号”，选择“调群原因”（包括转群、过抗、分娩前后、疾病治疗），选择“转到舍”，记录“时间”“操作人”，点击“保存调群记录”输入调群信息（图5-37）。

图5-37　输入调群信息

在智慧养牛系统中点击"养殖管理"，选择"调群"进入"育成期奶牛调群信息管理"页面（图5-38），选择"牛耳号"，输入"调群时间"可直接查询育成期奶牛调群信息（图5-39）和编辑调群记录，点击"添加"，选择"耳号""转到舍""调群原因"，输入"调群日期"，同时选择"操作人"，完成育成期奶牛调群记录添加（图5-40）。

牛耳号：请选择　调群时间：请选择时间段　搜索　清空

+添加

编号	耳号	原栋舍	转入栋舍	调群原因	调群时间	操作人	操作
36	2233	犊牛二舍	后备牛二舍	转群	2021-08-13	张海	删除
35	100003	犊牛四舍	公牛二舍	分娩前后	2021-01-20	王刚	删除
34	10000129	犊牛五舍	犊牛二舍	转群	2020-12-06	李刚	删除
33	1000068	犊牛二舍	犊牛四舍	转群	2020-12-06	王立军	删除
32	10000117	犊牛二舍	泌乳牛一舍	分娩前后	2020-12-01	张嘉文	删除
31	1000044	犊牛一舍	泌乳牛一舍	分娩前后	2020-11-30	张嘉文	删除
30	1000046	犊牛五舍	后备牛一舍	过抗	2020-12-01	王立军	删除
29	1000073	犊牛三舍	犊牛五舍	转群	2020-12-02	王刚	删除
28	1000077	犊牛三舍	后备牛三舍	转群	2020-12-15	王刚	删除
27	1000059	犊牛二舍	后备牛一舍	转群	2020-12-03	王刚	删除

图5-38　"育成期奶牛调群信息管理"页面

牛耳号： 请选择 调群时间： 请选择时间段 搜索 清空

+添加

编号	耳号	原栋舍	转到舍	调群原因	调群时间	操作人	操作
36		犊牛二舍			…13	张海	删除
35		犊牛四舍			…20	王刚	删除
34		犊牛五舍			…06	李刚	删除
33		犊牛二舍			…06	王立军	删除
32		犊牛二舍			…01	张嘉文	删除
31	1000044	犊牛一舍			…30	张嘉文	删除
30	1000045	犊牛五舍			…01	王立军	删除
29	1000073	犊牛三舍	犊牛五舍	转群	2020-12-02	王刚	删除
28	1000077	犊牛三舍	后备牛三舍	转群	2020-12-15	王刚	删除
27	1000059	犊牛二舍	后备牛一舍	转群	2020-12-03	王刚	删除

请选择 100002 100003 2233 100004 100054 100007 100008 100009 1000010

2023年 11月　2023年 12月　选择时间　清空　确定

图5-39　查询育成期奶牛调群信息

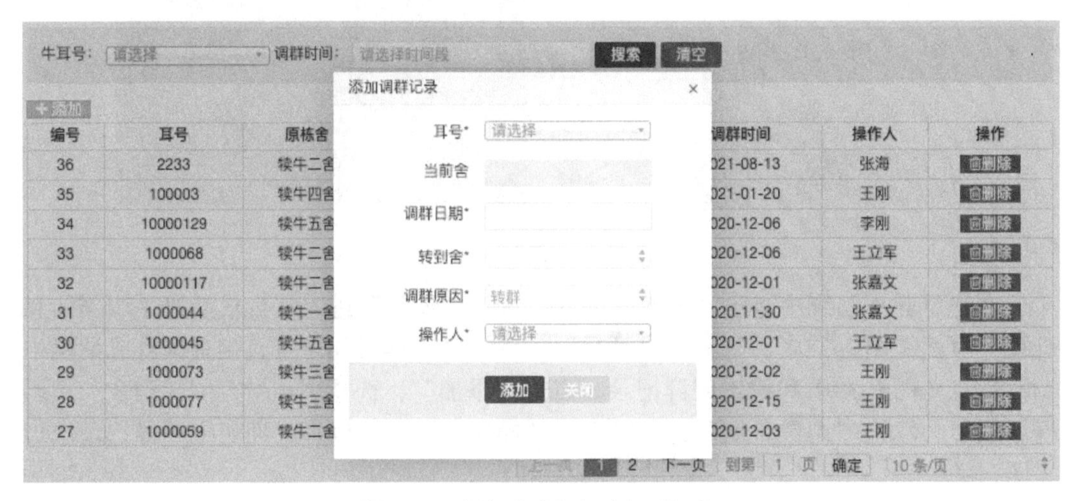

图5-40　添加育成期奶牛调群记录

参考文献

初梦苑，2020. 基于三维重建的奶牛体尺检测与体重预估研究[D]. 保定：河北农业大学. DOI：10. 27109/d. cnki. ghbnu. 2020. 000348.

郭亮，蔡治华，吴明楼，等，2001. 中国荷斯坦奶牛育成期奶牛生长发育分析[J]. 安徽农业技术师范学院学报（1）：35–38.

刘忠超，何东健，2019. 基于卷积神经网络的奶牛发情行为识别方法[J]. 农业机械学报，50（7）：186–193.

牟云飞，2017. 基于物联网的奶牛精细化管理信息系统的分析与设计[D]. 武汉：华中科技大学.

牛金玉，2018. 基于三维点云的奶牛体尺测量与体重预测方法研究[D]. 杨凌：西北农林科技大学.

孙丰强，尹文帅，周世彬，2020. 高产奶牛的管理要点[J]. 兽医导刊（1）：70.

谭益，何东健，郭阳阳，等，2018. 基于 Storm 的奶牛发情实时监测系统设计与实现[J]. 中国农业科技导报，20（12）：83-90.

武彦，刘子帆，何东健，等，2012. 奶牛体温实时远程监测系统设计与实现[J]. 农机化研究，34（6）：148-152.

肖文婷，2016. 阿菲金推动牧场强大生产力和利益最大化的管理工具[C]. 第七届中国奶业大会论文集. 青岛：中国奶业协会，360-361.

尹令，洪添胜，刘迎湖，等，2011. 基于无线传感器网络支持向量机奶牛行为特征识别[J]. 传感技术学报，24（3）：458-462.

张子儒，2018. 基于视频分析的奶牛发情信息检测方法研究[D]. 杨凌：西北农林科技大学.

BRICKELL J S，POLLOTT G E，CLEMPSON A M，et al.，2010. Polymorphisms in the bovine leptin gene associated with perinatal mortality in Holstein-Friesian heifers [J]. Journal of Dairy Science，93（1）：340-347.

CHUNG Y，CHOI D，CHOI H，et al.，2015. Automated detection of cattle mounting using Sideview camera[J]. Ksii Transactions on Internet & Information Systems，9（8）：3160-3177.

FROST A R，SCHOFIELD C P，BEAULAH S A，et al.，1997. A review of livestock monitoring and the need integrated systems[J]. Computers and Electronics Agriculture，17（2）：139-159.

HOMER E M，GAO Y，MENG X，et al.，2013. Technical note：A novel approach to the detection of estrus in dairy cows using ultra-wideband technology[M]. Journal of Dairy Science，96（10）：6529-6534.

KEOWN J F，EVERETT R W，EMPET N B，et al.，1986. Lactation corves[J]. Journal of Dairy Science，69（3）：769-781.

LEE Y，BOK J D，LEE H J，et al.，2016. Body temperature monitoring using subcutaneously implanted thermo-loggers from holstein steers[J]. Asian-Australasian Journal of Animal Sciences，29（2）：299-306.

MIRMANOV A，ALIMBAYEV A，BAIGUANYSH S，et al.，2021. Development of an IoT platform for stress-free monitoring of cattle productivity in precision animal husbandry[J]. Advances in Science, Technology and Engineering Systems Journal, 6（1）: 501–508.

OZKAYA, SERKAN, 2012. Accuracy of body measurements using digital image analysis in female Holstein calves[J]. Animal Production Science, 52（10）: 917.

REDDEN K D, KENNEDY A D, INGALLS J R, et al., 1993. Detection of estrus by radiotelemetric monitoring of vaginal and ear skin temperature and pedometer measurement of activity[J]. Journal of Dairy Science, 76（3）: 713–721.

REITH S, HOY S, 2012. Automatic monitoring of rumination time of oestrus detection in dairy cattle[C]//Animal production technology. International Conference of Agericultural Engineering. http://cigr. ageng2012. org/images/fotosg/table_137_C0621. PDF.

REITH S, HOY S, 2018. Review: behavioral signs of estrus and the potential of fully automated systems for detection of estrus in dairy cattle [J]. Animal, 12（2）: 398–407.

SCHWEINZER V, GUSTERER E, KANZ P, et al., 2019. Evaluation of an ear-attached accelerometer for detecting estrus events in indoor housed dairy cows [J]. Theriogenology, 130: 19–25.

TALUKDER S, KERRISK K L, INGENHOFF L, et al., 2014. Infrared technology for estrus detection and as a predictor of time of ovulation in dairy cows in a pasture-based system[J]. Theriogenology, 81（7）: 925–935.

TIMSIT E, AAAIE S, QUINIOU R, et al., 2011. Early detection of bovine respiratory disease in young bulls using reticulo-rumen temperature boluses[J]. Vet J, 190（1）: 136–142.

UDDIN JASHIM, MCNEILL DAVID M, LISLE ALLAN T, et al., 2020. A sampling strategy for the determination of infrared temperature of relevant external body surfaces of dairy cows[J]. International Journal of Biometeorology, 64: 1583–1592.

YAJUVENDRA S, LATHWAL S S, RAJPUT N, et al., 2013. Effective and accurate discrimination of individual dairy cattle through acoustic sensing[J]. Applied Animal Behaviour Science, 146（1）: 11–18.

第六章　干奶期和围产期奶牛智能化养殖

干奶期为泌乳牛停止挤奶至临产前的一段时间，一般是产前60 d至产前21 d。众多研究表明，干奶期的长短与奶牛下次的生产和泌乳有着较强相关性，因此在饲养期间需要将奶牛干奶时间控制在合理范围。

奶牛围产期主要指奶牛在临产之前的3周和生产后的2～3周。产前的3周称围产前期，产后的2～3周称围产后期。围产期奶牛从干奶转为产犊、泌乳，经受生理上的极大刺激，主要表现食欲减退，对患病易感；容易出现消化、代谢紊乱，如酮病、产后瘫痪、皱胃移位、胎衣不下、奶牛肥胖综合征等。因此这个时期的饲养管理尤为重要，要提高奶牛干物质采食量，预防产后营养代谢疾病。

干奶期和围产期奶牛主要生产流程包括饲喂管理、调群管理、干奶管理、分娩智能管理、分娩后饲养管理。

6.1　干奶期和围产期饲养管理目标

6.1.1　干奶期奶牛管理目标

（1）保证胎儿生长发育良好；保持最佳体况（3.5～4分），不宜过瘦或过肥。

（2）避免消化代谢疾病：通过干奶期和围产期的正确饲养，可以最大限度控制和避免瘫痪、皱胃移位、胎儿滞留和酮病的发生。

（3）恢复乳腺组织，为下个泌乳期正常产奶储存能量。

（4）调整瘤胃机能，为解决产后营养负平衡而不能及时补充打下坚实基础。

6.1.2　围产后期管理目标

（1）增加干物质采食量，减少产后疾病，胎衣不下发生率小于5%，产后瘫痪发生率小于5%，皱胃移位发生率小于1.5%，酮病发病率小于2%。

（2）头胎牛日泌乳量高于25 kg，经产牛日泌乳量高于30 kg。

6.2　饲喂管理

6.2.1　干奶期

在干奶前期，适当调整奶牛饲料类型，慢慢减少多汁青绿饲料的用量，合理控制供水量，精饲料和粗饲料的用量比控制在3∶7，混合精饲料的用量，每头奶牛控制在3 kg左右，保证饲料中的维生素和微量元素充足。在干奶中期，在保证营养供应全面充足的同时对奶牛的膘情进行合理控制，确定不同类型饲料的具体用量，做到合理搭配，以免出现过度肥胖的情况，通常情况下在干奶中期要对奶牛饲喂量进行严格管控。干奶后期，适量增加精饲料，不断提高日粮的精饲料水平可以促进奶牛的生产。在饲料中添加益生菌和维生素能够保证能量的稳定供应和促进奶牛的营养代谢，以免出现各类疾病。尽量使牛膘情适中（3～3.5分），体况较差的牛可提高营养水平（以增加优质粗饲料为主）；肥胖牛可限制营养（尤其是能量）摄入。

6.2.2 围产前期

围产前期是母牛生产过程中很重要的环节，应该将日粮结构的调整作为主要的生产目标，以有效促进瘤胃微生物与乳头状突起恢复生长状态，激发机体的免疫系统，有效避免产后发生代谢性疾病。

由于围产前期是胎儿绝对生长的最快时期，奶牛不仅要满足其自身的营养需求，还要将一部分营养供给胎儿，同时还要为今后的泌乳做好准备。因此，在奶牛围产前期的饲养管理过程中，要提高日粮的营养水平，加强营养供给。奶牛围产前期提高日粮中粗饲料含量，尤其是优质的粗饲料，以提高奶牛的干物质采食量，从而满足围产前期奶牛营养需要。在日粮配制过程中，要适当增加优质粗饲料，如燕麦草和紫花苜蓿等。在饲养过程中补充适量矿物质、微量元素和维生素A、维生素E等，提升奶牛的体质，有效降低奶牛产后瘫痪概率。应注意将Ca、P含量保持在适宜水平，同时增加维生素D的含量以促进奶牛对Ca、P的吸收。另外还要注意饲料的安全问题，不能饲喂霉变、冰冻以及变质的饲料。在配制TMR饲料过程中，要注意切碎粒度，不能太细，也不能太粗，以2～3 cm为宜。还可在围产前期奶牛日粮中加入适量烟酸，尤其是对于过于肥胖或者发生过奶牛酮病的牛，有助于减少酮病以及其他代谢病的发生。产犊时母牛体况评分不宜超过3.5分。

6.2.3 围产后期

围产后期的奶牛在生产上也称为新产牛。奶牛分娩后体力消耗极大，分娩后应与犊牛马上分开，安静休息，尽快排出胎衣，灌服营养补液或饮温麦麸红糖水20 L（麦麸1 kg、红糖500 g、盐200 g、温水20 L，水温40 ℃）。这段时期奶牛的生殖器官还没有完全恢复，乳房呈现出水肿状态，乳腺及其机体循环系统也不能正常运转，但奶牛的产奶量呈现逐渐上升的趋势，因此，应以恢复母牛健康和体力为主。

新产牛挤完初乳，胎衣排出后转入新产牛群中，采用新产牛TMR日粮配方。奶牛分娩后身体虚弱，食物摄入量骤然下降。为了减少产后能量负平衡，应增加新产牛的日粮营养水平，增加营养供给。产后3 d以饲喂优质干草为主，自由采食，之后逐渐增加精饲料，适当增加Ca和NaCl的含量，并补充干净的饮水。分娩后2～3周，母牛的食欲状态会逐渐恢复正常而且乳房水肿状态消退，可按照泌乳牛的饲喂标准正常供给饲料，继续增加精饲料，饲喂优质干草、高钙日粮（0.7%～0.8%），日粮中添加烟酸（5～10 g/ d）预防酮病。

6.2.4 围产牛配方管理

根据围产牛生理阶段和营养需求，工作人员在智慧养牛系统内点击“精准饲喂”，选择“日粮管理”“配方管理”进入“围产牛配方管理”页面（图6-1），输入“配方名称”查询已有配方，点击“添加”，输入“配方名称”，选择“配置人”“状态”，添加“备注”，添加新围产牛饲料配方（图6-2）。

配方名称：请输入关键字... 搜索 清空

+添加

编号	配方名称	配置人	状态	配方价格	备注	操作
17	犊牛配方	张帅	启用	200.00		配方详情 编辑 删除
16	围产牛配方	张嘉文	启用	1200.00		配方详情 编辑 删除
15	育肥牛配方	王刚	禁用	1663.00		配方详情 编辑 删除
14	公牛配方	王立军	启用	1361.00		配方详情 编辑 删除
13	育肥牛配方	王立军	启用	1786.30		配方详情 编辑 删除
12	泌乳牛配方	王刚	启用	1815.60		配方详情 编辑 删除
10	育成牛配方	王刚	启用	4413.75		配方详情 编辑 删除
9	干奶牛配方	李虎	启用	2000.00		配方详情 编辑 删除

图6-1 “围产牛配方管理”页面

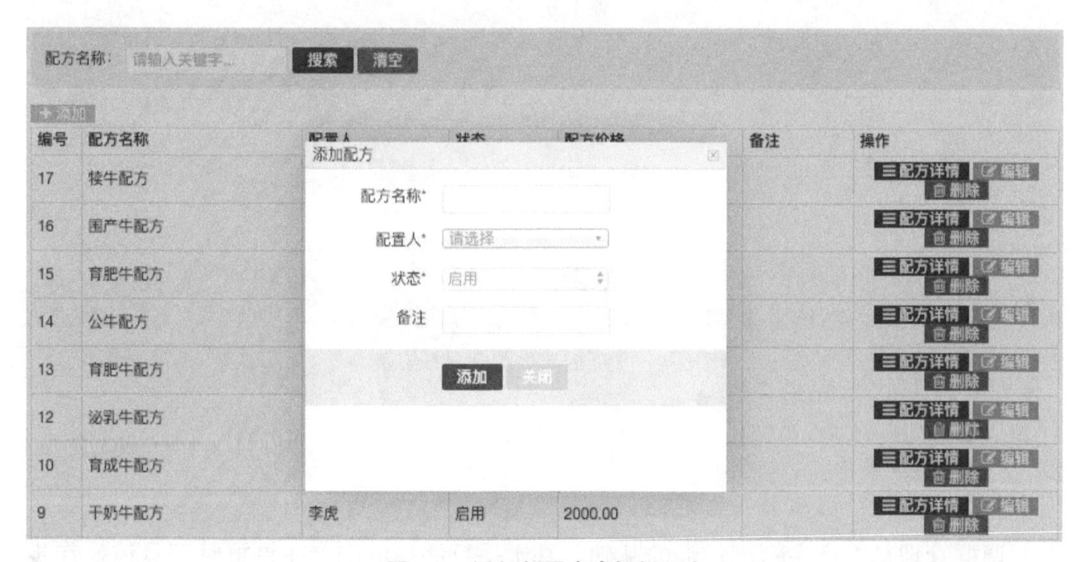

图6-2 添加新围产牛饲料配方

6.2.5 圈舍配方

根据围产牛圈舍营养情况选择饲料配方，工作人员在智慧养牛系统内点击“精准饲喂”，选择“日粮管理”“圈舍配方”进入“围产牛圈舍配方管理”页面（图6-3），点击“编辑”，输入“饲喂头数”“班次1比例（%）”“班次2比例（%）”“班次3比例（%）”“班次4比例（%）”，选择“配方名称”“状态”，更新围产牛圈舍配方信息（图6-4）。

圈名称	饲喂头数	配方名称	班次比例	状态	操作
公牛一舍	88	公牛配方	60:0:40:0	启用	编辑
公牛三舍	152	公牛配方	60:0:40:0	启用	编辑
公牛二舍	95	公牛配方	60:0:40:0	启用	编辑
后备牛二舍	110	育肥牛配方	60:0:40:0	启用	编辑
后备牛四舍	86	育肥牛配方	50:0:50:0	禁用	编辑
干奶牛三舍	100	干奶牛配方	30:30:20:20	启用	编辑
成母牛一舍	154	围产牛配方	20:20:30:30	启用	编辑
成母牛三舍	200	围产牛配方	40:0:60:0	启用	编辑
成母牛二舍	60	围产牛配方	40:0:60:0	启用	编辑
泌乳牛一舍	93	育肥牛配方	50:0:50:0	禁用	编辑
泌乳牛三舍	300	育成牛配方	30:20:30:20	启用	编辑
泌乳牛二舍	20	青年牛配方	20:30:30:20	禁用	编辑

图6-3 “围产牛圈舍配方管理”页面

圈名称	饲喂头数	配方名称	班次比例	状态	操作
公牛一舍	88	公牛配方	60:0:40:0	启用	编辑
公牛三舍	152			启用	编辑
公牛二舍	95			启用	编辑
后备牛二舍	110			启用	编辑
后备牛四舍	86			禁用	编辑
干奶牛三舍	100			启用	编辑
成母牛一舍	154			启用	编辑
成母牛三舍	200			启用	编辑
成母牛二舍	60			启用	编辑
泌乳牛一舍	93			禁用	编辑
泌乳牛三舍	300			启用	编辑
泌乳牛二舍	20			禁用	编辑
犊牛一舍	122			启用	编辑
犊牛二舍	21			启用	编辑
犊牛五舍	36	犊牛配方	60:0:40:0	启用	编辑

配方

饲喂头数* 100
配方名称* 围产牛配方
班次1比例(%) 30
班次2比例(%) 30
班次3比例(%) 20
班次4比例(%) 20
状态 启用
保存 关闭

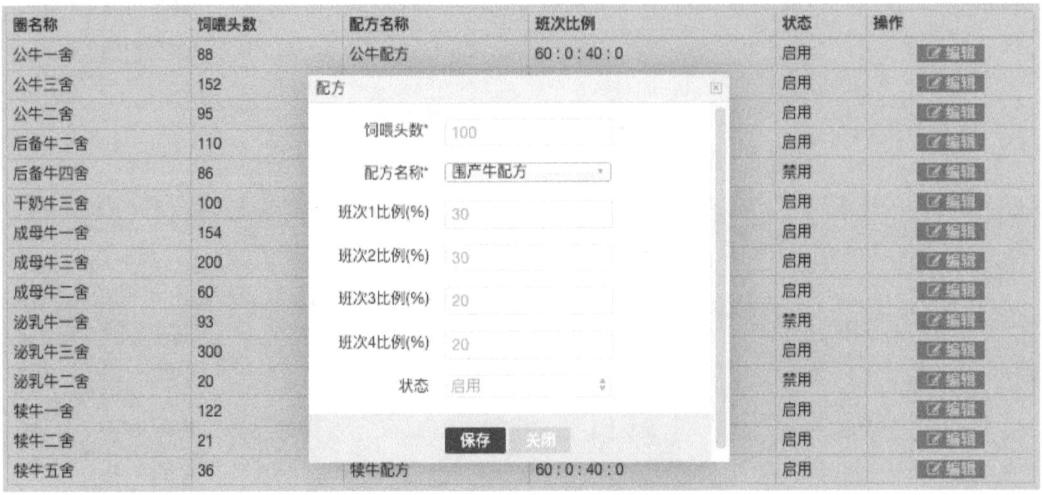

图6-4 更新围产牛圈舍配方信息

6.3 调群管理

调群管理是围产牛精准饲喂的基础。基于手持终端的围产牛调群管理具体操作步骤如下：养殖人员通过手持终端设备选择“生产”“调群”，扫描“牛耳号”，选择

“转群原因”（包括转群、过抗、分娩前后、疾病治疗），选择“转到舍”，记录“时间”“操作人”，点击“保存调群记录”输入调群信息（图6-5）。

图6-5　输入调群信息

在智慧养牛系统中点击“养殖管理”，选择“调群”进入“围产牛调群管理”页面（图6-6），选择“牛耳号”，输入“调群时间”可直接查询围产牛调群信息（图6-7）和编辑调群记录，点击“添加”，选择“耳号”“转到舍”“调群原因”，输入“调群日期”，同时选择“操作人”，完成围产牛调群记录添加（图6-8）。

牛耳号：请选择　调群时间：请选择时间段　搜索　清空

✚添加

编号	耳号	原栋舍	转入栋舍	调群原因	调群时间	操作人	操作
40	1000044	泌乳牛一舍	干奶牛三舍	转群	2023-11-04	张帅	删除
39	10000117	泌乳牛一舍	干奶牛二舍	转群	2023-11-02	李文叔	删除
38	1000045	后备牛一舍	干奶牛一舍	转群	2023-11-09	张海	删除
37	2233	后备牛二舍	干奶牛一舍	转群	2023-11-02	王刚	删除
36	2233	犊牛二舍	后备牛二舍	转群	2021-08-13	张海	删除
35	100003	犊牛四舍	公牛二舍	分娩前后	2021-01-20	王刚	删除
34	10000129	犊牛五舍	犊牛二舍	转群	2020-12-06	李刚	删除
33	1000068	犊牛二舍	犊牛四舍	转群	2020-12-06	王立军	删除
32	10000117	犊牛二舍	泌乳牛一舍	分娩前后	2020-12-01	张嘉文	删除
31	1000044	犊牛一舍	泌乳牛一舍	分娩前后	2020-11-30	张嘉文	删除

图6-6　“围产牛调群管理”页面

图6-7　查询围产牛调群信息

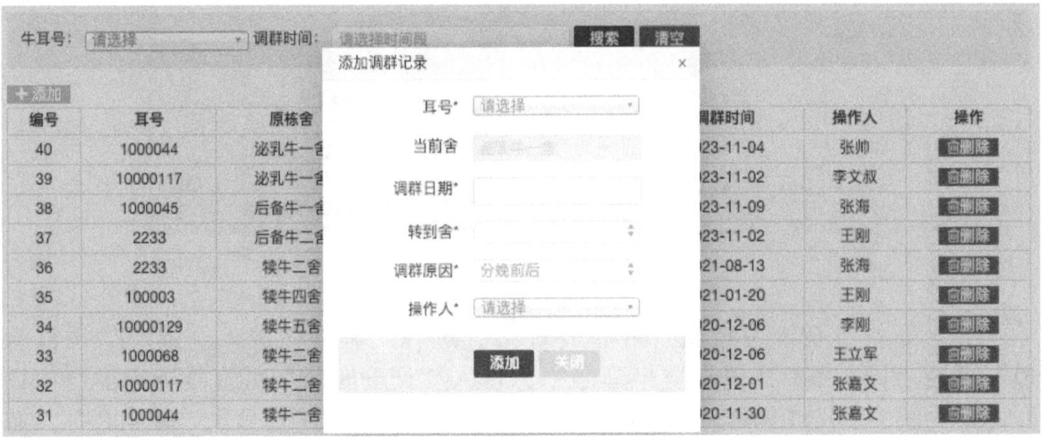

图6-8　添加围产牛调群记录

6.4　干奶管理

在一个奶牛群内，个体之间产奶量的差异，遗传因素占25%，外界环境因素占75%。其中饲料因素占绝大部分，对于干奶期奶牛的饲养起着决定作用。母牛在305 d的一个泌乳期内，由于生产出大量乳汁，机体消耗较多，在下胎产犊前有一段时间（妊娠后期至产犊日）停止产奶，即在两个泌乳期之间不分泌乳汁，被称为干奶期。奶牛在怀孕后期胎儿生长快，机体要储蓄营养，乳房也需经过调整，所以必须干奶。

干奶牛分为正常干奶牛和非正常干奶牛两种类型。正常干奶牛为妊娠天数210 d以上奶牛，非正常干奶牛为无胎和妊娠天数210 d以下奶牛。

手持终端设备“预警”页面提示“预计干奶”提醒、“超期未干奶”预警，根据系统下发“耳号”“类别”“栋舍”“繁殖周期”“品种”“干奶日期”“预计干奶”“场”信息，养殖人员需及时进行调群、干奶操作（图6-9）。

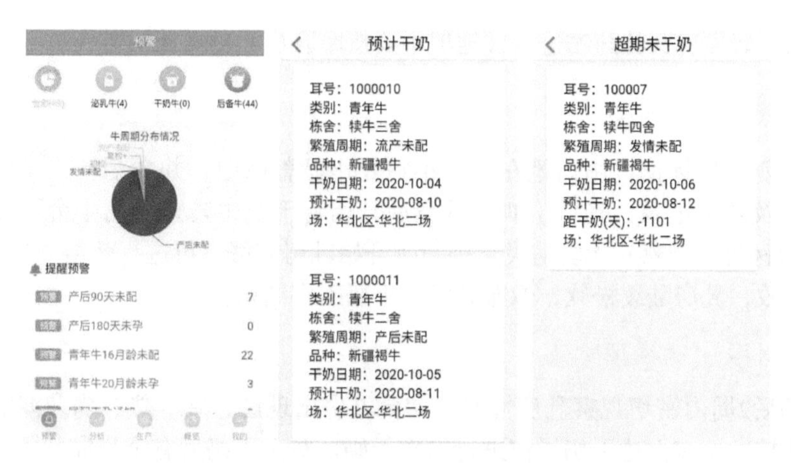

图6–9　“预计干奶”提醒、“超期未干奶”预警

6.4.1　干奶准备

由信息员从系统打印出本周需要干奶牛只的派工单，根据派工单调出计划干奶牛。

由兽医/孕检人员负责妊检，确认牛只信息后反馈给信息员。在牛体尻部用蜡笔作标记，即“干”字。

干奶前修蹄：检胎后对每头计划干奶牛进行修蹄保健，并作记录。

注射疫苗：修蹄后对每头牛注射梭菌疫苗5 mL/头和IBR/BVDV疫苗2 mL/头。

注射驱虫药：对每头牛注射乙酰氨基阿维菌素15 mL/头。

6.4.2　干奶操作

6.4.2.1　隐性乳房炎检测

干奶牛在最后一班挤完奶后，操作人员佩戴灭菌手套，首先进行隐性乳房炎检测（CMT检测），对于呈强阳性的牛，治疗转阴后再进行干奶。对无隐性乳房炎的奶牛，彻底挤净每个乳区中的奶后药浴，并用毛巾擦干。

6.4.2.2　消毒

在挤奶完成后，干奶时必须配戴一次性手套，用75%酒精棉球或酒精纸对4个乳区按左前、右前、右后、左后顺序依次进行擦拭、消毒，且对每个乳头孔由内到外进行消毒。消毒新乳头时注意更换棉球，不得重复使用。先消毒离操作人员远的乳头，然后消毒近端乳头。

6.4.2.3　药物注射

每消毒完一个乳区，立即注射干奶药物（选择使用短针头，避免造成乳头炎），保证每个乳区消毒后无污染。注入干奶药时，将干奶药注射器的头经乳头孔插入，针嘴插入不要过深，每个乳区推注一支干奶药。注完后，再用75%酒精棉球消毒乳头孔，两手指轻捏乳头，轻揉乳头让药物进入乳池但不要按摩乳房，再次药浴乳头。

6.4.2.4 标记及记录

做好干奶牛的标记，用蜡笔在牛的小腿处作显著标记，并立刻转入干奶牛舍。做好干奶记录及转牛记录，确认干奶牛数量后开始将干奶牛转入干奶牛舍隔离，并观察4 d。专职兽医每天观察有无乳房炎，一般刚开始乳房充涨，可进行药浴，5～7 d，乳房内积奶被吸收，乳房陆续松软，像布袋状，干奶工作结束。

6.4.3 干奶后注意事项

在干奶后2周内密切观察乳房情况，如果乳房出现红、肿、热、痛及漏奶现象，把乳房内奶汁挤净，按上述干奶操作进行二次干奶。对于干奶后有全身症状的奶牛，予以对症治疗，直至症状消失后按照干奶操作再次进行干奶。

6.5 分娩智能管理

分娩是奶牛的正常生理过程，直接关系母牛、犊牛的健康和生产性能的发挥。奶牛即将分娩时会表现出一系列明显的症状，养殖人员一定要做好观察。此外，准确算出母牛的预产期，再结合分娩前的症状，及时做好接产的准备工作。在实际生产中，还需要掌握关键的接产技术，现代养殖为了提高新生犊牛的成活率，防止母牛在分娩时遇到可避免的损伤，保护母牛的正常繁殖机能，目前多采用人工助产的措施，且如果发现难产，则需要根据引起难产的原因采取相应的助产措施，以确保犊牛顺利产出。

6.5.1 产房管理

奶牛在临产前会表现出一些明显的变化，乳房膨胀：产前半个月乳房开始膨大，产前4～5 d可挤出黏稠奶水（淡黄色），如果能挤出白色奶，分娩很可能就在1～2 d内。外阴渐肿：外阴肿胀，皱褶消失，子宫颈口黏液塞溶化，并有透明索状物流出，垂于阴门外，此现象表明1～2 d内可分娩。臀部塌陷：尾根两侧肌肉松弛已凹陷，这表明即将临产。母牛不安：母牛时起时卧，来回走动，频频排尿，回头看腹，说明子宫已发生阵缩，子宫开口，胎水流出，随即胎儿产出，6～12 h胎衣排出。

产房管理包括产房现场管理（表6-1）、产房器械管理（表6-2）、产房药品管理（表6-3）和产房人员管理（表6-4）。

表6-1 产房现场管理

产房区域	管理要求	牛只管理	消毒频次
待产区	产房有固定待产区，保证无异味、清洁、干燥、阳光充足、通风良好、无贼风，且需要设在安静、隐蔽处 产房准备新鲜的新产牛料和充足饮水，料槽和水槽必须干净卫生，做到天天清理 产房产床上的垫料要保持干燥、干净、舒适，产房产床3天更换一次垫料并撒石灰，每天对产房卧床进行平整	产房内有病牛的牧场要将病牛和新产牛隔开	每天对产房消毒2次，消毒药品2%戊二醛和1%次氯酸钠交替使用

表6-2　产房器械管理

器械管理	管理要求
产科器械	助产器、产科钩、产科链、产科绳等，必须保持干净、整洁，集中摆放于固定处；产科绳或产科链用完后，先清洗再用消毒液浸泡，可使用1%新洁尔灭或0.1%高锰酸钾溶液
手术器械	止血钳、手术剪、手术刀、刀柄、持针器、三棱弯针、圆弯针、三棱直针、缝合线消毒液（消毒液使用1%新洁尔灭或0.1%高锰酸钾溶液）浸泡并摆放于固定处
护理用具	剪毛剪、水桶、温水、毛巾、乳头药浴用品、消毒液、大动物灌服器、钙制剂灌服器用后清洗晾干
防护用品	围裙、长臂手套、橡胶手套等

表6-3　产房药品管理

药品准备	管理要求
必备药品	钙制剂、维生素A、维生素D、美洛昔康/氟尼辛葡甲胺、盐酸头孢噻呋注射液、植物油/石蜡油、灌服小料（产后护理浓缩料等灌服包）、10%碘酊
应急药品	10%葡萄糖酸钙、维生素C、酚磺乙胺、肾上腺素、普鲁卡因

表6-4　产房人员管理

项目	管理要求
值班	产房保证24 h有人值班，不得出现空岗期
巡栏	产房人员每2 h对围产或待产舍巡栏1次，发现有分娩征兆的牛只进行观察、记录，适时接产，接产后进行犊牛和新产牛的护理

6.5.2　围产前胎检

（1）围产牛转群前胎检。转群前必须对每头挑出的围产牛只进行胎检，对于妊娠情况不确定的牛只必须由育种部会诊确定。将胎检结果录入手持终端设备。

（2）围产牛超出预产期的检查。对超预产期（5 d以内）牛只，接产员通知繁育部门做直肠检查确认是否有胎并了解胎龄。

（3）空怀牛只处理。发现空怀牛只后及时通知部门经理，由部门经理和相关部门进行沟通并及时处理。

6.5.3 分娩管理

6.5.3.1 分娩前准备

（1）提前将临产牛只转入产房区域，便于观察、监护。

（2）接产人员每小时巡圈2次。

（3）每次巡圈观察牛只乳房、腹部以及母牛的精神状态，必要时做直肠检查。

（4）产床上提前铺好干燥、松软的垫草（厚度5 cm以上），通风良好且四周无贼风；安静且光线柔和。

（5）准备干净卫生的助产绳、产科链、助产器、消毒液、温水、产科器械、长臂手套、液体石蜡、碘酊等。

6.5.3.2 产犊

用0.1%新洁尔灭消毒液冲洗待产牛会阴部及其周围，并在牛只后方铺设接产垫后，站在牛只不被发现的安全距离外等待分娩。注意纪录分娩第二期开始的时间，观察先露出的部位是否为两前蹄及唇，如果是，则可等待其自然分娩。青年牛胎儿产出的过程为0.5～6 h，经产牛胎儿产出的过程为0.5～4 h。青年牛在羊膜囊破裂后1.5 h、经产牛在羊膜囊破裂后1 h，如还未见进展则需进行胎检，如胎位正常且犊牛反应良好则可继续等待，如胎位不正或犊牛反应微弱则需考虑助产。将大牛赶入保定架进行胎儿及产道检查。胎检前需彻底清洗牛只会阴部及其周围，首先将牛尾固定，一手戴两层长臂手套，另一手持装满0.1%新洁尔灭消毒液的量杯，一边缓慢倒消毒液，一边擦拭，清理完毕后脱下外层的手套用另一副检查。

异常产犊的定义如下。①当母牛出现不安或反复起卧等临产征兆4 h后仍未见露泡。②第二个膜囊破裂后进入第二产程，头胎牛1.5 h、经产牛2 h仍然没有露蹄。③当胎蹄露出1 h仍不见大的进展；母牛强力努责超过30 min没有见胎蹄露出或努责时胎蹄露出，停止努责后又退缩回去。④只露一蹄或露蹄后两个蹄子的方向不一致。⑤唇部已经露出而看不见一条或两条腿、前腿已露出很长而不见唇部。⑥只见尾巴，而不见一条或两条后腿。

6.5.3.3 助产

出现上述6种异常产犊的情况，需要进行助产检查，检查要点如下。

所有的检查首先确定是正生还是倒生、子宫颈是否开张及开张程度、是否有子宫扭转情形、胎儿是否存活、胎儿大小，初步判断胎儿通过产道的难易、胎位（上位或下位）、胎式。分以下5种情况采取相应措施：①检查发现胎位、产道开张正常，努责正常，需等待分娩；②检查时发现胎位、产道开张正常，母牛无努责或努责不强烈，通知兽医补充能量并实施助产；③检查时胎位正常，但是由于胎儿大（胎蹄球节直径>5 cm）或者产道狭窄（两腿在宫颈内而头或者尻部卡在宫颈口处）而需要助产；④检查时发现宫颈口或产道拧结，及时实施子宫复位的调整；⑤检查时发现胎儿在产道内的姿势及胎位不正常，需进一步的详细检查确认难产情况，如头颈侧弯、后仰、前置屈曲、后肢屈曲等并实施助产。助产等级区分见表6-5。

表6-5　奶牛分娩助产等级区分表

等级	顺产难产判定	助产方式
1级	顺产	无助产
2级	顺产	一人简单助产不需要设备
3级	中度难产	需要一人，使用助产绳辅助
4级	难产	需要两人以上或助产器用力牵拉
5级	高度难产	需要碎胎或剖腹产，无法正常分娩

助产时注意事项如下。

（1）胎儿是否反常，检查时首先要注意胎儿前置器官露出的情况有无异常。确定胎儿异常的性质及程序，而不要把露出的部分向外拉。否则可使胎儿的反常加剧，给矫正工作带来更大困难。

（2）根据胎儿进入产道的深浅，来决定是否助产。进入产道很深，不能推回，且胎儿较小，一般不严重，可先试行拉出；产道尚未开张时，如有异常，则应先行矫正。

（3）对于胎儿的死活，必须细心作出鉴定。如果胎儿已经死亡，在保全母牛及产道不受损伤的情况下，对它可以采用任何措施；如果胎儿依旧存活，则应首先考虑母子的安全，当无法兼顾时，则只考虑母牛的安全。

（4）最后检查矫正完后，用助产绳或助产器往外拉，开始时母牛和助产器必须在一条水平线（母牛和助产器的角度是180°），然后按照母牛产力和产道方向慢慢往下拉，从头部至胸部出来时不停留，此时需托住犊牛产出的部分，然后继续慢慢拉出来。

胎儿产出后注意事项如下。

（1）检查腹腔里是否还有未产出的牛犊。

（2）马上注射复合维生素、催产素。

（3）及时补充“产后营养液”。

（4）及时观察母牛产道的流血情况，判断是否产伤、是否需要注射止血药物，在产犊记录本上及时记录详细情况。

（5）及时清理被羊水、粪便污染的垫草，更换垫草。

（6）收拾产犊助产用具，进行药物消毒、日光消毒，助产绳一定马上用消毒水刷洗，清水洗净，高处悬挂。

（7）及时通知挤奶、喂奶人员，对产出的牛犊性别、编号、生死等还有所产母牛马上记号，做好标记，记录到产犊记录本上。

（8）收拾好垃圾，观察一段时间的母牛腿部的起卧和趴卧的姿态，及时调整卧姿。

（9）检查犊牛栏内的垫草情况，及时擦干犊牛，注意保温。

（10）再次巡视一遍待产牛舍。

（11）胎儿产出后，应立即擦干口腔和鼻腔黏膜，防止吸入肺内引起异物性肺炎。

（12）产出胎儿的脐带，一般自行扯断，不必结扎，用碘酊消毒即可，如发现流血，应该先用酒精棉止血再消毒，如人工断脐，应在脐动脉停止跳动后进行，以防失血。断脐部位应在接近腹壁5 ~ 10 cm处，脐带的内外要用碘酊消毒、浸泡，生后2 d检查脐带是否感染，胎儿的断端也要充分消毒。

（13）初乳的质量、饲喂重量、灌注时间是犊牛成活、提高犊牛活产率的关键，应及时饲喂初乳。初乳的质量以黏稠、洁净、无粪、无血、无杂质、气味正常、乳黄色为佳。

6.5.3.4 产犊信息录入和查询

养殖人员通过手持终端设备，选择“生产”“产犊”，扫描“牛耳号”，选择“产犊难易”［包括自产、轻度助产、难产（产道正常）、难产（产道拉伤）、碎胎］，“胎位”（包括正常、坐生、倒产、人工矫正），“胎儿数量”（包括单胎母犊、单胎公犊、双胎母犊、双胎公犊、异性双胎），添加“备注”，记录“时间”“操作人”，保存产犊记录（图6-10）。

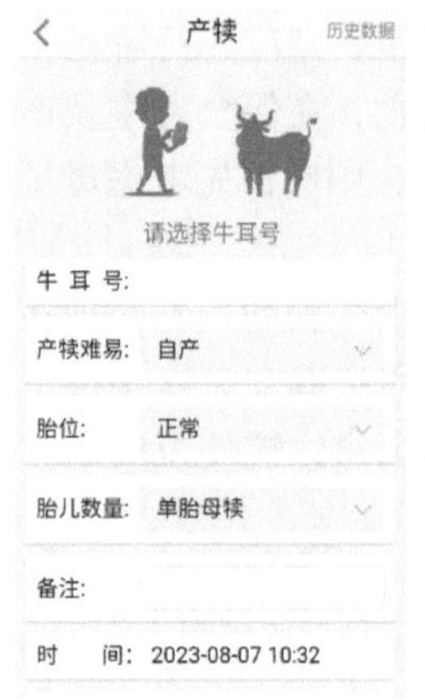

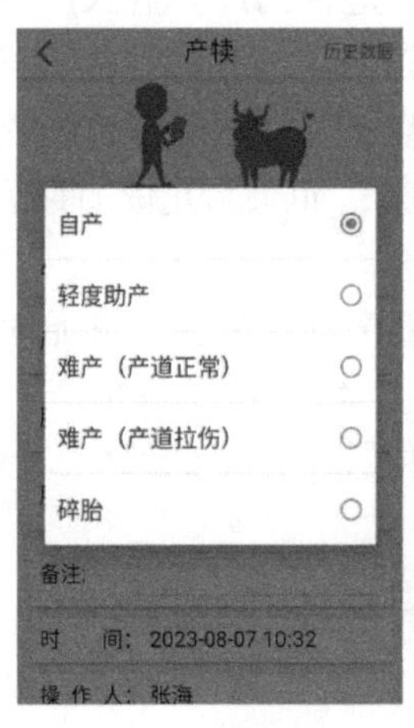

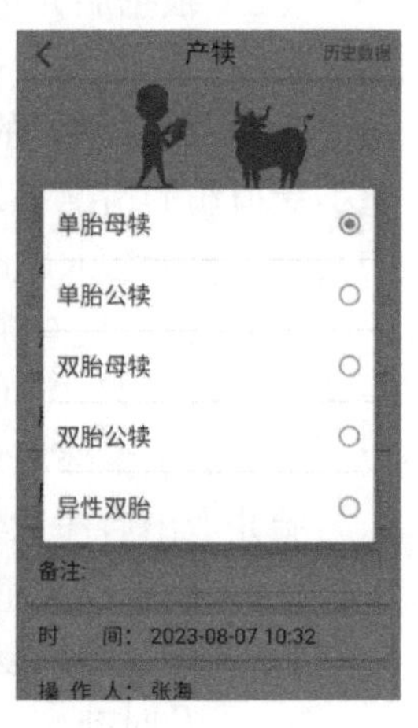

图6-10 输入产犊信息

在智慧养牛系统中点击“养殖管理”，选择“产犊”“耳号”，输入“产犊时间”可直接查询产犊信息（图6-11）和编辑产犊记录，点击“添加”，选择“耳号”“产犊难易”“胎位”“胎儿数量”，输入“产犊日期”，添加“备注”，同时选择“操作人”，完成产犊记录添加（图6-12）。

耳号：请选择　产犊时间：请选择时间段　搜索　清空

＋添加

编号	耳号	产犊难易	胎位	胎儿数量	产犊时间	操作人	操作
38	1000087	轻度助产	坐生	双胎母犊	2020-12-31	王立军	删除
37	1000019	自产	坐生	单胎公犊	2020-12-14	王立军	删除
36	1000019	自产	坐生	单胎公犊	2020-12-09	王刚	删除
35	100008	轻度助产	倒产	单胎母犊	2020-12-07	王立军	删除
34	1000015	轻度助产	坐生	双胎母犊	2020-12-15	李刚	删除
33	1000013	轻度助产	坐生	单胎母犊	2020-12-02	王刚	删除
32	100009	轻度助产	坐生	单胎母犊	2020-12-15	李刚	删除
31	1000014	自产	坐生	双胎母犊	2020-12-02	王立军	删除
30	100004	自产	倒产	双胎公犊	2020-12-09	李刚	删除
29	2233	自产	坐生	单胎公犊	2020-12-01	王立军	删除

图6–11　查询产犊信息

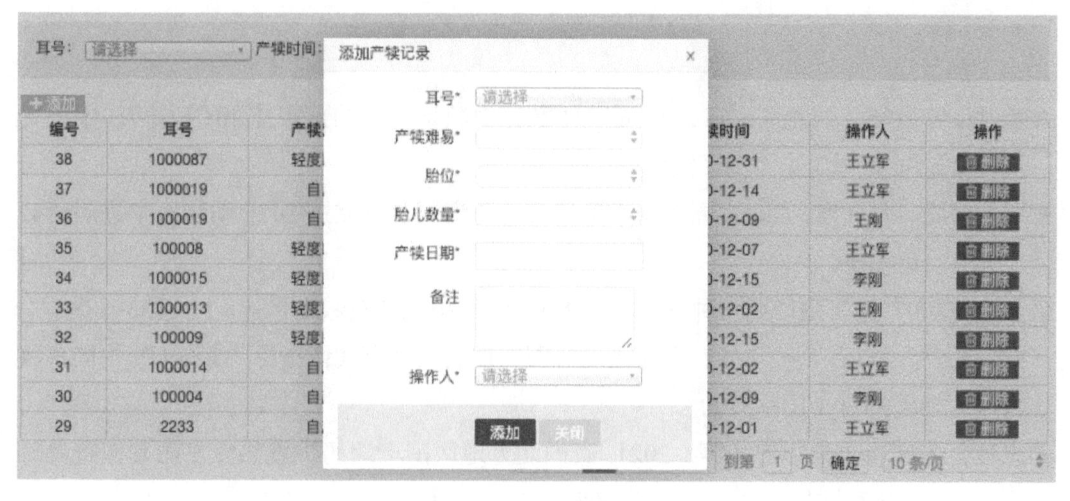

图6–12　添加产犊记录

6.6　分娩后饲养管理

母牛分娩后的饲养管理对于其体质的恢复、产奶量的提高等非常重要。母牛在分娩后不能立即喂料，这是由于母牛在经历分娩后体质虚弱，体内水分、盐分和糖分损失较多，此时需要给母牛提供温热的麸皮汤，同时饲喂少量的优质青干草，这样对母牛产后泌乳有利。母牛在产后消化机能也较差，需要逐渐地增加饲喂量，待消化机能恢复后再正常饲喂。分娩后让母牛充分的休息。如母牛在产后12 h后还未排出胎衣，则会导致子宫败血征或者子宫炎等疾病，所以要及时地进行手术剥离。一般如果母牛子宫健康，自净能力强，在15 d左右即可排干净恶露，并且子宫恢复正常，此时不需要采取治疗措施，但是如果恶露排不净，则需要进行直肠检查或者阴道检查，并使用消炎药冲洗子宫，促进母牛恢复正常。

新产牛挤奶时，过抗的新产牛放在第一批挤，未过抗的放到最后挤奶。赶牛时必须小心地哄上挤奶台，严禁挤奶员粗暴打骂奶牛，对于起卧困难牛只严禁强行驱赶，应及时报告兽医人员，由兽医人员进行处理。冬季结冰时奶牛走道入口撒沙子防滑。针对有小挤奶厅的牧场，未过抗牛可在小挤奶厅进行挤奶，挤奶时要严格按照挤奶操作作业指导书执行。

新产牛产后检查应有以下4个方面。

（1）时间：对新产牛连续7 d进行产后监控。

（2）体温：在正常范围时在右侧尻部用蓝色标识，超出正常范围用红色标识。

（3）检查项：精神状态、采食状态、乳房充盈度、粪便状态、胎衣情况。

（4）顺序：先在产前进行精神、采食查看，对异常牛只进行标记（颈夹放草），然后在产后对问题牛只进行全身检查（包括体温、呼吸、心律、瘤胃蠕动、乳房）。

参考文献

曹斌斌，叶耿坪，刘光磊，等，2016. DHI数据对牧场管理的预警作用[C]//第7届中国奶业大会论文集. 北京：中国奶业协会.

曹旭，马馨，吕文发，2022. 围产期奶牛子宫的免疫调节研究进展[J]. 动物医学进展，43（9）：105-109.

戴大力，2007. 奶牛围产期几种常见疾病的防治[J]. 黑龙江畜牧兽医（8）：135-138.

江婧，马莉，骆巧，等，2021. 产前运动对围产期奶牛生理代谢指标的影响[J]. 中国畜牧兽医，48（9）：3183-3190.

姜忠玲，姜连炜，李华涛，等，2021. 我国北方地区围产期奶牛乳热症发病率调查及分析[J]. 中国兽医杂志，57（6）：95-98.

金振华，张备，王欢，等，2022. 围产期奶牛体况、体液监测与预警技术[J]. 现代畜牧兽医（8）：67-70.

雷智琦，张萱，柳越，等，2022. 氧化应激对围产期奶牛及犊牛的影响研究进展[J]. 中国畜牧杂志，58（2）：13-18.

李胜利，郝阳毅，王蔚，等，2020. 围产期奶牛糖脂代谢与健康养殖研究进展[J]. 动物营养学报，32（10）：4708-4715.

柳国锁，郭启勇，孙亚琼，等，2021. 奶牛分娩风险预警与防控[J]. 畜牧与兽医，53（5）：117-121.

孙鹏，崔宝玉，曹雷，2017. 奶牛生产瘫痪离子预警指标的研究[J]. 山东畜牧兽医（2）：8-10.

徐晓锋，胡丹丹，郭婷婷，等，2020. 不同精粗比日粮对奶牛瘤胃真菌菌群结构变化的影响研究[J]. 云南农业大学学报（自然科学版），35（2）：269-275.
张帆，呙于明，熊本海，2020. 围产期奶牛能量负平衡营养调控研究进展[J]. 动物营养学报，32（7）：2966-2974.
张洪伟，王亚男，周英昊，等，2021. 全混合日粮（TMR）在奶牛养殖业中的应用[J]. 北方牧业（19）：20-21.
赵畅，白云龙，舒适，等，2017. 泌乳期奶牛尿液酸碱度与疾病的相关性分析[J]. 畜牧与兽医，49（8）：121-124.
周书玄，2021. 奶牛全混合日粮（TMR）技术的优点及应用[J]. 现代畜牧科技（4）：47，49.
朱新平，2021. 规模化牧场围产期奶牛的饲养管理要点[J]. 饲料博览（9）：65-66.

第七章　泌乳期奶牛智能化养殖

除遗传因素外，优良的饲养条件和科学的饲养方法，是充分发挥奶牛产奶能力、提高终生总产奶量和总经济效益的根本保证。因此，在饲养奶牛的过程中，应尽可能地创造有利于发挥母牛生产性能的各种条件，提供优良的环境，供应平衡日粮以促进高产。在饲养上，既要重视群体饲养，又要注意高产奶牛的个体培育，保证奶牛稳产、高产和健康，以达到良好的饲养效益。

泌乳期奶牛主要生产流程包括泌乳和日常管理。

7.1　泌乳期饲养管理目标

（1）泌乳前期在提高母牛产奶量的同时，力争使母牛减重达到最小，把母牛减重控制在0.5 ~ 0.6 kg/d，全期减重不超过35 ~ 45 kg。

（2）泌乳后期尽量使母牛产奶量维持在较高水平，以防产奶量下降过快，并保证胎儿正常发育，但不宜过肥，体况保持中上等膘即可。

7.2　泌乳

7.2.1　上挤奶台

（1）赶牛人员从挤奶现场走到待挤厅后面，打开待挤厅门；然后走到牛舍，打开靠近赶牛通道的牛舍所有门，把其他相邻牛舍的牛门、饲喂通道门、挤奶通道门全部关闭，并检查所有的门是否打开。

（2）赶牛人员走到牛舍另一头，从里往外驱赶牛只，把所有的牛只赶出牛舍，赶牛人员站在牛能看见的地方赶牛。

（3）赶牛人员必须在牧场规定挤奶时间内把牛赶到待挤厅，不得延误挤奶。

（4）赶牛过程中遇到异常情况应及时向挤奶经理反馈，例如，牛只卧床不起、蹄病、水槽漏水或无水、地面破损、颈夹损坏、料槽空槽等。

7.2.2　验奶

（1）验奶的目的是检验乳房是否有乳房炎，乳头坏死及血乳、冻伤（乳汁有凝乳块或水样）；降低细菌数（因为乳头孔是微生物进入最直接的地方，所以将附近牛奶弃掉，这样大大降低牛奶中微生物数量）；刺激奶牛的乳头，促进奶牛产生放乳反射，进行放乳，有利于挤奶。

（2）操作步骤如下。

按照先前再后的顺序对每个乳区连续有效地挤弃前三把奶，如前三把奶均有凝块，则需再挤两把奶，检查最后一把奶（总体第五把奶）是否有凝块，如有凝块确定为乳房炎；如挤奶时乳房出现红、肿、热、痛反应，但牛奶无问题可正常挤奶。验奶采用握拳式或拇指式采样方式进行验奶。

挤奶员在验奶时认真检查各乳区乳汁颜色、性状，观察有无异常，检验乳房是否有乳房炎，乳头坏死及血乳、乳头冻伤（乳汁有凝乳块或水样）。发现乳房炎牛时应立即通知兽医并做好标记和记录，兽医收到通知后必须将乳房炎牛转入病牛舍（如有乳房炎牛舍，转入乳房炎牛舍）进行治疗，然后将接触坏乳区的手进行浸泡消毒，并通告坑道其他挤奶工作人员注意。

（3）防止交叉感染。每次验出乳房炎牛，双手应用清水冲洗和用消毒液消毒；发现手上比较脏时，立即用清水冲洗干净。

（4）验奶人员要保证手臂清洁，发现乳房炎牛要对手臂进行消毒后方可操作。初产牛的瞎乳区识别带需要着重检查，发现戴识别带的乳区如泌乳机能恢复正常，则可以上杯。

（5）CMT检测

根据牧场大缸牛奶体细胞数值，每月体细胞高的牧场对低产泌乳牛进行检测（牧场做DHI的不用检测）。

7.2.3　前药浴

（1）前药浴目的。杀灭乳头上面的细菌，湿润乳头，使上面的粪痂容易擦掉。同时避免患有乳房炎的牛将病原菌传染给其他健康奶牛，防止交叉感染，是预防奶牛乳房炎的一种非常行之有效的方法。

（2）操作步骤。使用消毒喷枪：握住消毒喷枪后柄，大拇指按动按钮，枪头与乳头平行，均匀地将药浴液喷洒在每个乳头上，乳头的正面和背面都得喷洒到位。使用药浴杯：将药浴杯盖拧开，灌满药浴液，拧上盖，用一支手握住药浴杯，轻轻挤药浴杯中间部分，杯口有药浴液流出，对准每一个乳头，按照先前再后的顺序将乳头全部没入药浴液中；药浴杯杯口呈圆锥形状，药浴液不够1/2时，应再挤压药浴杯中部使药浴液盛满呈圆锥形状。

（3）药浴彻底。每头牛验乳后，进行挤前消毒，每个乳头必须全面、有效、彻底消毒，药浴液在乳头上必须形成滴水状，包裹乳头，浸泡深度为乳头的2/3处，药液保证在乳头存留30 s后方可擦拭。

（4）药浴液浓度配比规定。前药浴时不允许用原液。

7.2.4　乳头擦拭

（1）擦拭目的。擦拭乳头也是对乳头进行适度按摩，由于奶牛乳头神经末梢分布丰富，因此很敏感；适度地按摩奶牛乳头会刺激奶牛丘脑下部分泌催产素，促进奶牛乳导管收缩，反射性地引起奶牛放乳。

（2）擦拭方法。每头牛有效消毒后，至少间隔四头牛，从第一头牛开始再用一次性纸巾擦拭。纸巾擦拭操作按照先前再后的顺序，手握住纸巾对准乳头基部，采用旋转的擦拭方法对乳头进行擦拭，最后对乳头孔进行擦拭；严禁四乳区用纸巾同一部位擦拭；擦拭后的乳头必须干净清洁，没有粪渣、药浴液和污水，严禁污水流入奶杯。

（3）擦拭原则。至少一牛一巾，纸巾必须清洁、干燥，确保干净和使用后的纸巾隔离放置。

（4）擦拭人员注意。挤奶员在进行纸巾擦拭之前，双手必须干净。擦拭顺序严格按照先前再后的顺序。

（5）乳头评分。挤奶经理每月对全群的牛进行乳头评价，评分在挤奶后、后药浴之前立即进行。同时上报瞎乳头牛。

7.2.5 套杯

（1）套杯步骤。在纸巾擦拭干净后，立即进行套杯工作，首先左手同时握住左前和左后的两个杯组，左后杯组呈折叠状，两杯组同时卡在大拇指和食指中间，接着右手握住右前和右后的杯组，右后杯组也呈折叠状，两杯组也同时卡在大拇指和食指中间，两只手在同一水平线上，先对准左前和右前两个乳头进行同时上杯，左前和右前套上杯后，再套左后和右后两个杯组。如果遇到有瞎乳区或异常乳区牛只不能套杯时，套杯前应先取乳头塞，塞上挤奶杯组口方可套杯，不允许漏气。擦拭后应立即上杯，保证验奶到上杯时间在90～120 s完成。

（2）调整奶杯。如果遇到有瞎乳区或异常乳区牛只不能套杯时，套杯前应先取乳头塞，塞上挤奶杯组口方可套杯，不允许漏气，严禁折叠奶杯。奶杯套好后要调整奶杯位置，观察各乳区出奶情况，若无异常，套杯完成。

（3）套杯注意事项。上杯要迅速，尽量避免空气进入杯组中，因为空气内有很多细菌，会影响牛奶的质量；对于已经坏死的乳区要空开，避免上杯；在上完杯的同时要随时观察杯组是否有漏气或抽空现象，如有要及时补救，如果补救不及时会提高乳房炎的发病率，同时还会影响牛奶的质量。挤奶过程中进行巡杯。

7.2.6 后药浴

（1）后药浴目的。在挤完奶的同时乳头孔不能马上闭合，这时是细菌极易侵入，所以在收杯之后要立即喷洒消毒液将乳头孔封闭，这样可以大大降低乳房炎的发病率，同时还有润滑的作用，避免乳头划伤，起到保护作用。

（2）操作步骤。每头牛完成挤奶脱杯后，先观察乳房状况，无异常后进行挤后药浴（药浴要彻底、全面、有效）。后药浴必须使用药浴杯，将药浴杯盖拧开，灌满药浴液，拧上盖，用一只手握住药浴杯，轻轻挤药浴杯中间部分，杯口有药浴液流出，对准每一个乳头，按照先前再后的顺序将乳头全部没入药浴液中；药浴杯杯口呈圆锥形状，药浴液不够1/2时，应再挤压药浴杯中部使药浴液盛满呈圆锥形状。

（3）药浴液的使用和管理。药浴液必须现用现配，药浴液在乳头上必须形成滴水状，包裹乳头，每班次挤奶后药浴杯剩余药浴液必须倒弃。

（4）后药浴及时性。挤奶结束后放牛之前，必须全部完成药浴。

7.2.7　奶量上报

泌乳是奶牛的主要生产性能，产奶量是评价一头奶牛价值的重要指标。

养殖人员通过手持终端设备选择“生产”“奶量上报”，扫描“牛耳号”，记录“班次1（kg）”“班次2（kg）”“班次3（kg）”“班次4（kg）”“时间”“操作人”，点击“保存奶量上报记录”输入奶量上报信息（图7-1）。

图7-1　输入奶量上报信息

在智慧养牛系统中点击“产奶管理”，选择“产奶量”进入“产奶量管理”页面（图7-2），选择“日期”可直接查询产奶量记录（图7-3）和编辑当日产奶量记录，点击“添加”，输入“挤奶日期”“班次1产奶量（kg）”“班次2产奶量（kg）”“班次3产奶量（kg）”“班次4产奶量（kg）”，同时选择“挤奶人”，完成产奶量记录添加（图7-4）。

日期: 搜索 清空

添加 批量导入

编号	挤奶日期	班次1产量(kg)	班次2产量(kg)	班次3产量(kg)	班次4产量(kg)	日产量(kg)	操作人	场	操作
355	2021-08-13	1	2	3	4	10	张海	华北二场	编辑 删除
354	2021-02-04	2350	2364	2563	10	7,287	钱海文	华北二场	编辑 删除
353	2021-02-03	2914	2953	2807	11	8,685	李文叔	华北二场	编辑 删除
352	2021-02-02	2468	2336	2879	11	7,694	李海	华北二场	编辑 删除
351	2021-02-01	2808	2749	2985	6	8,548	李氏文	华北二场	编辑 删除
350	2021-01-31	2927	2494	2362	1	7,784	李虎	华北二场	编辑 删除
349	2021-01-30	2381	2761	2947	1	8,090	张嘉辉	华北二场	编辑 删除
348	2021-01-29	2569	2488	2541	11	7,609	李氏文	华北二场	编辑 删除
347	2021-01-28	2762	2478	2470	2	7,712	马六文	华北二场	编辑 删除
346	2021-01-27	2450	2544	2858	12	7,864	王刚	华北二场	编辑 删除

图7-2　“产奶量管理”页面

日期: 搜索 清空

添加

« ‹ 2023年 11月　　2023年 12月 › »

日	一	二	三	四	五	六
29	30	31	1	2	3	4
5	6	7	8	9	10	11
12	13	14	15	16	17	18
19	20	21	22	23	24	25
26	27	28	29	30	1	2
3	4	5	6	7	8	9

日	一	二	三	四	五	六
26	27	28	29	30	1	2
3	4	5	6	7	8	9
10	11	12	13	14	15	16
17	18	19	20	21	22	23
24	25	26	27	28	29	30
31	1	2	3	4	5	6

清空 确定

编号	挤奶日期	班次1产量(kg)	班次2产量(kg)	班次3产量(kg)	班次4产量(kg)	日产量(kg)	操作人	场	操作
355					4	10	张海	华北二场	编辑 删除
354					10	7,287	钱海文	华北二场	编辑 删除
353					11	8,685	李文叔	华北二场	编辑 删除
352					11	7,694	李海	华北二场	编辑 删除
351					6	8,548	李氏文	华北二场	编辑 删除
350					1	7,784	李虎	华北二场	编辑 删除
349					1	8,090	张嘉辉	华北二场	编辑 删除
348	2021-01-29	2569	2488	2541	11	7,609	李氏文	华北二场	编辑 删除
347	2021-01-28	2762	2478	2470	2	7,712	马六文	华北二场	编辑 删除
346	2021-01-27	2450	2544	2858	12	7,864	王刚	华北二场	编辑 删除

图7-3　查询产奶量记录

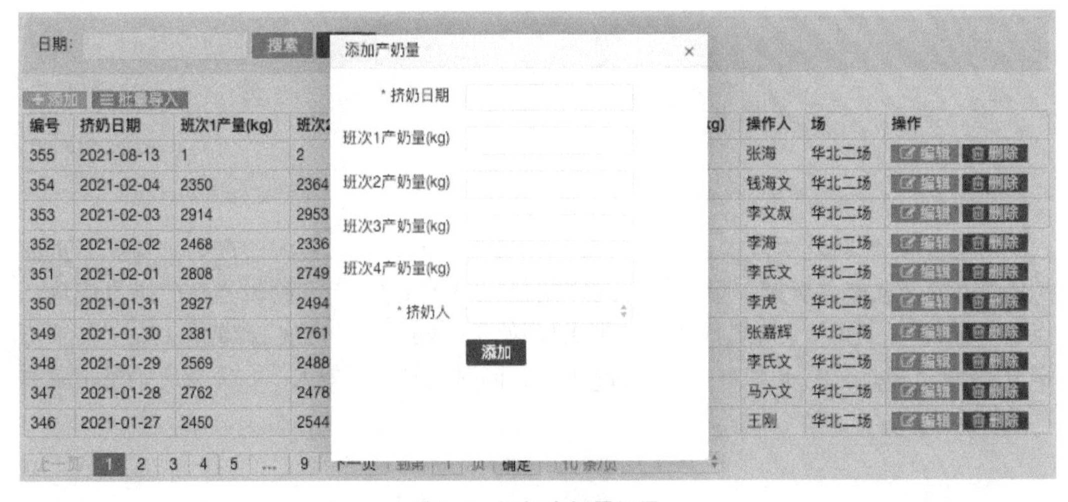

图7-4　添加产奶量记录

7.3 日常管理

7.3.1 饲喂

奶牛的主要生产性能是泌乳，因此它的生产周期围绕泌乳进行，又称泌乳周期。科学饲养管理的基础是分群管理，根据奶牛所处泌乳阶段的不同进行合理地分群，一般分为泌乳盛期、泌乳中期、泌乳后期和干奶期牛群，不同的牛群所对应的饲养管理也不同。

7.3.1.1 泌乳盛期的饲养管理

一般在围产后期至100 d为泌乳盛期。这段时间的产奶量约占泌乳期总奶量的40%～50%。泌乳盛期作为整个泌乳期的黄金阶段，要尽量给此期的奶牛提供稳定良好的饲养环境，以保证奶牛发挥生产潜力，延长奶牛泌乳高峰的持续时间。在泌乳盛期可采用引导饲养的方法，保证在短时间内有效提升奶牛的实际泌乳量。泌乳盛期的目标为：头胎牛日泌乳量大于35 kg，经产牛日泌乳量大于45 kg，体况评分大于2.5分。

此阶段应尽快使母牛恢复消化机能和食欲，千方百计提高采食量，降低能量负平衡。奶牛采食的饲料主要以优质粗饲料和高能量且高蛋白质的精饲料为主，并保证矿物质供应。精饲料添喂量应逐步增加，添加过快会引起酸中毒、绝食和乳脂率下降，要保证奶牛精饲料的供应持续稳定，度过泌乳盛期则可以根据奶牛饲养的实际情况合理调整饲喂水平。

泌乳盛期也是泌乳高峰期所在的期间，日粮配制方面建议让奶牛大量摄入草料，干物质采食量应占到体重的2%～4%，精饲料中的干物质占日粮总干物质的60%以下。对于高产牛可适当增加过瘤胃脂肪、过瘤胃蛋白、高蛋白补充料，增加缓冲剂。奶牛在产后短期内日粮要保持酸性，随产奶量升高、代谢率升高、体内环境趋于酸性时，日粮要调为碱性。

7.3.1.2 泌乳中期的饲养管理

泌乳中期一般指产后第101～200 d。奶牛一般在生产之后的140～150 d属于泌乳相对稳定的阶段，一般会持续50～60 d。通常该阶段会出现产奶量下降的情况，母体体重开始恢复，此时奶牛机体因为泌乳消耗太多的能量，其余的能量要在机体中进行贮存以供体重增加所用。

泌乳中期的目标是减缓奶量下降的速度，恢复体况。此阶段需要综合考虑奶牛的体重以及产奶量和乳脂率的实际情况，调整日粮结构，适当减少精饲料比重，逐渐增加优质青粗饲料的投喂量，增加采食量，使奶牛体重恢复，控制产奶量不要下降过快，营养供给上要求中能量、中蛋白、中钙磷。对于产奶量比较好的中期牛，精饲料饲喂量比正常牛要多一些，使产奶量不明显下降。期间需要根据奶牛的体重和产奶量情况合理调整精饲料的供应量。同时还应保证有充足的干草，适宜的条件下可降低青贮饲料和多汁饲料的供应量。

7.3.1.3 泌乳后期的饲养管理

泌乳后期一般指产后200 d到干乳。这段时期奶牛产奶量和采食量都会继续下降，日粮结构根据奶牛膘情进行调整，以粗饲料为主，多喂干草和青贮饲料，精粗比一般为3∶7或4∶6。日粮中蛋白质和能量水平要求较低，与泌乳盛期相比要求低能量、低蛋白质、低钙磷。这个阶段的目标是调整奶牛体况，最好体况评分维持在3.5分，注意不要增重过度。

根据泌乳牛不同生理阶段和营养需求，工作人员在智慧养牛系统内点击“精准饲喂”，选择“日粮管理”“配方管理”进入“泌乳牛配方管理”页面（图7–5），输入“配方名称”查询已有配方，点击“添加”，依次输入“配方名称”，选择“配置人”“状态”，添加“备注”，添加新泌乳牛饲料配方（图7–6）。

配方名称：请输入关键字... 搜索 清空

+添加

编号	配方名称	配置人	状态	配方价格	备注	操作
17	犊牛配方	张帅	启用	200.00		配方详情 编辑 删除
16	围产牛配方	张嘉文	启用	1200.00		配方详情 编辑 删除
15	育肥牛配方	王刚	禁用	1663.00		配方详情 编辑 删除
14	公牛配方	王立军	启用	1361.00		配方详情 编辑 删除
13	育肥牛配方	王立军	启用	1786.30		配方详情 编辑 删除
12	泌乳牛配方	王刚	启用	1815.60		配方详情 编辑 删除
10	育成牛配方	王刚	启用	4413.75		配方详情 编辑 删除
9	干奶牛配方	李虎	启用	2000.00		配方详情 编辑 删除
1	青年牛配方	力士记	禁用	1990.00	000	配方详情 编辑 删除

图7–5 “泌乳牛配方管理”页面

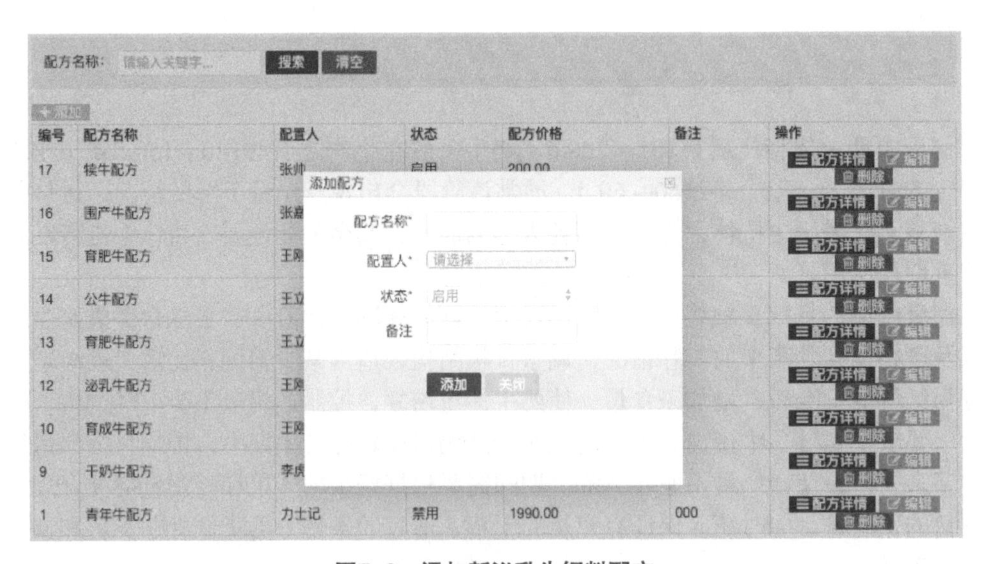

图7–6 添加新泌乳牛饲料配方

根据泌乳牛圈舍营养情况选择饲料配方，工作人员在智慧养牛系统内点击“精准饲喂”，选择“日粮管理”“圈舍配方”进入“泌乳牛圈舍配方管理”页面（图7–7），点击“编辑”，输入“饲喂头数”“班次1比例（%）”“班次2比例（%）”“班次3比例（%）”“班次4比例（%）”，选择“配方名称”“状态”，更新泌乳牛圈舍配方信息（图7–8）。

圈名称	饲喂头数	配方名称	班次比例	状态	操作
公牛一舍	88	公牛配方	60 : 0 : 40 : 0	启用	编辑
公牛三舍	152	公牛配方	60 : 0 : 40 : 0	启用	编辑
公牛二舍	95	公牛配方	60 : 0 : 40 : 0	启用	编辑
后备牛二舍	110	育肥牛配方	60 : 0 : 40 : 0	启用	编辑
后备牛四舍	86	育肥牛配方	50 : 0 : 50 : 0	禁用	编辑
干奶牛三舍	100	干奶牛配方	30 : 30 : 20 : 20	启用	编辑
成母牛一舍	154	围产牛配方	20 : 20 : 30 : 30	启用	编辑
成母牛三舍	200	围产牛配方	40 : 0 : 60 : 0	启用	编辑
成母牛二舍	60	围产牛配方	40 : 0 : 60 : 0	启用	编辑
泌乳牛一舍	93	育肥牛配方	50 : 0 : 50 : 0	禁用	编辑
泌乳牛三舍	300	育成牛配方	30 : 20 : 30 : 20	启用	编辑
泌乳牛二舍	20	青年牛配方	20 : 30 : 30 : 20	禁用	编辑
犊牛一舍	122	犊牛配方	60 : 0 : 40 : 0	启用	编辑
犊牛二舍	21	犊牛配方	60 : 0 : 40 : 0	启用	编辑
犊牛五舍	36	犊牛配方	60 : 0 : 40 : 0	启用	编辑

图7–7　“泌乳牛圈舍配方管理”页面

圈名称	饲喂头数	配方名称	班次比例	状态	操作
公牛一舍	88	公牛配方	60 : 0 : 40 : 0	启用	编辑
公牛三舍	152			启用	编辑
公牛二舍	95			启用	编辑
后备牛二舍	110			启用	编辑
后备牛四舍	86			禁用	编辑
干奶牛三舍	100			启用	编辑
成母牛一舍	154			启用	编辑
成母牛三舍	200			启用	编辑
成母牛二舍	60			启用	编辑
泌乳牛一舍	93			禁用	编辑
泌乳牛三舍	300			启用	编辑
泌乳牛二舍	20			禁用	编辑
犊牛一舍	122			启用	编辑
犊牛二舍	21			启用	编辑
犊牛五舍	36	犊牛配方	60 : 0 : 40 : 0	启用	编辑

配方

饲喂头数* 93

配方名称* 泌乳牛配方

班次1比例(%) 50

班次2比例(%) 0

班次3比例(%) 50

班次4比例(%) 0

状态 禁用

保存　关闭

图7–8　更新泌乳牛圈舍配方信息

7.3.2　调群

养殖人员通过手持终端设备选择“生产”“调群”，扫描“牛耳号”，选择“转群原因”（包括转群、过抗、分娩前后、疾病治疗），选择“转到舍”，记录“时间”“操作人”，点击“保存调群记录”输入调群信息（图7–9）。

图7-9　输入调群信息

在智慧养牛系统中点击“养殖管理”，选择“调群”进入“泌乳牛调群管理”页面（图7-10），选择“牛耳号”，输入“调群时间”可直接查询调群信息（图7-11）和编辑调群记录，点击“添加”，选择“耳号”“转到舍”“调群原因”，输入“调群日期”，同时选择“操作人”，完成调群记录添加（图7-12）。

牛耳号：请选择　调群时间：请选择时间段　搜索　清空

+添加

编号	耳号	原栋舍	转入栋舍	调群原因	调群时间	操作人	操作
43	1000065	泌乳牛二舍	成母牛一舍	疾病治疗	2023-05-24	力士记	删除
42	1000065	后备牛三舍	泌乳牛二舍	转群	2023-02-08	高文悦	删除
41	1000065	犊牛四舍	后备牛三舍	转群	2023-11-10	王立军	删除
40	1000044	泌乳牛一舍	干奶牛三舍	转群	2023-11-04	张帅	删除
39	10000117	泌乳牛一舍	干奶牛二舍	转群	2023-11-02	李文叔	删除
38	1000045	后备牛一舍	干奶牛一舍	转群	2023-11-09	张海	删除
37	2233	后备牛二舍	干奶牛一舍	转群	2023-11-02	王刚	删除
36	2233	犊牛二舍	后备牛二舍	转群	2021-08-13	张海	删除
35	100003	犊牛四舍	公牛二舍	分娩前后	2021-01-20	王刚	删除
34	10000129	犊牛五舍	犊牛二舍	转群	2020-12-06	李刚	删除

图7-10　“泌乳牛调群管理”页面

牛耳号：请选择　调群时间：请选择时间段　搜索　清空

添加

编号		原栋舍			间	操作人	操作
43		泌乳牛二舍			-24	力士记	删除
42		后备牛三舍			-08	高文悦	删除
41		犊牛四舍			-10	王立军	删除
40		泌乳牛一舍			-04	张帅	删除
39		泌乳牛一舍			-02	李文叔	删除
38	1000045	后备牛一舍			-09	张海	删除
37	2233	后备牛二舍			-02	王刚	删除
36	2233	犊牛二舍	后备牛二舍	转群	2021-08-13	张海	删除
35	100003	犊牛四舍	公牛二舍	分娩前后	2021-01-20	王刚	删除
34	10000129	犊牛五舍	犊牛二舍	转群	2020-12-06	李刚	删除

图7–11　查询调群信息

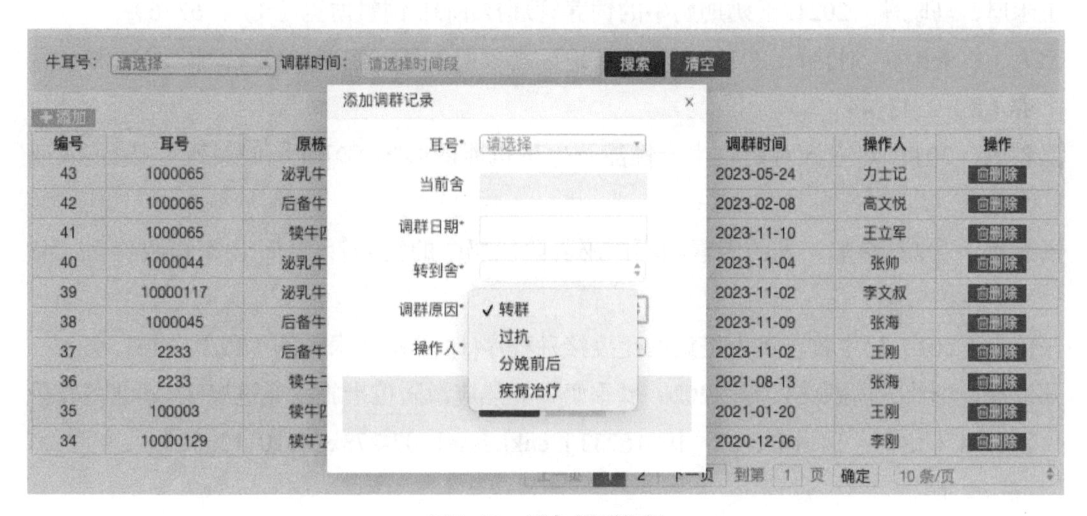

图7–12　添加调群记录

7.3.3　巡栏

巡栏是指每天观察奶牛体况、产奶量、粪便、反刍时间、胃的饱满程度、肢蹄病等情况。

参考文献

艾合坦木·吐达洪，吐尔逊江·吾木尔艾力，2021. 奶牛不同泌乳期及干奶期的饲养管理[J]. 农村新技术（8）：27–28.

楚国强，2021. 夏季热应激对奶牛的不利影响和应对措施[J]. 乡村科技，12（13）：68–69.

丁夏云，2011. 南方地区奶牛场预防夏季热应激的营养调控措施[J]. 浙江畜牧兽医，36（5）：25-26.

姬改珍，李培锋，关红，等，2010. 复方中药秦公散对小鼠脾脏和外周血中T、B淋巴细胞的影响[J]. 中国畜牧兽医，37（7）：37-40.

贾丽萍，郝卫芳，2013. 蒲公英散与抗生素治疗奶牛乳房炎的比较试验[J]. 中国奶牛（13）：28-30.

焦蓓蕾，葛旭升，张楠，等，2020. 浅析热应激对奶牛生理机能的影响[J]. 中国乳业（9）：38-45. DOI：10. 16172/j. cnki. 114768. 2020. 09. 013.

秦颖，2022. 泌乳期奶牛饲养管理工作的要点[J]. 畜牧兽医科技信息（7）：147-148.

王飞，金光明，葛建伟，2005. 中草药对奶牛隐性乳房炎的治疗效果观察[J]. 安徽技术师范学院学报（2）：8-10.

王永厚，马晓萍，2021. 干奶期奶牛的饲养管理技术[J]. 饲料博览（8）：67-69.

韦人，仇天财，刘竹青，2017. 夏季北方地区规模奶牛场如何减少热应激损失[J]. 科学种养（8）：43-44.

温雅俐，2011. 热应激对奶牛生产性能及生理机能的影响 [D]. 呼和浩特：内蒙古农业大学.

杨月美，2022. 影响泌乳的因素和不同泌乳阶段奶牛的饲养管理[J]. 山东畜牧兽医，43（9）：39-41.

张传良，2013. 奶牛牧场重大疫病的免疫接种程序[J]. 养殖技术顾问（12）：161.

郑双健，刘欢，闫跃飞，等，2020. 夏季奶牛场热应激防控措施研究进展[J]. 湖北畜牧兽医，41（12）：14-16. DOI：10. 16733/j. cnki. issn1007-273x. 2020. 12. 005.

第八章　智慧养牛管理系统

随着国内养殖业的快速发展，养牛产业正逐步由规模化、标准化和机械自动化走向智慧化，智能生产利用云平台、大数据等先进技术，让养殖人员通过手持终端设备进行生产，准确、及时掌握养殖场各方面信息，有效降低各环节信息交互的成本，提升生产效益，降低养殖成本。

智慧养牛管理系统由精准饲喂、养殖管理、提醒预警、实景监控、物料管理、疾病防疫、产奶管理、分析决策8个部分组成（图8-1），囊括了奶牛养殖的主要环节和养殖场管理的重点环节。

图8-1　智慧养牛管理系统

8.1　精准饲喂

为提高饲料的利用效率，降低饲喂成本，云畜牧创新平台设计了一个奶牛精准饲喂决策系统。利用奶牛营养需要估计模型计算营养需要量，结合中国饲料数据库中奶牛常用饲料的数据，利用差分进化算法进行奶牛饲料配方的设计和优化，实现了根据奶牛身体、生理状况和饲料原料营养成分进行饲料配方的自动决策。精准饲喂模块包括日粮管理、任务预览和报表3个部分。

8.1.1 日粮管理

奶牛生产性能的高低首先依赖于生产方式和能够控制亚临床疾病的环境，其次取决于每天的营养摄入量。后者由日粮营养浓度以及采食量决定。不同阶段的奶牛有不同的营养需求。营养供给由饲料成分和供给量决定。在现代化的奶牛养殖生产中，普遍使用全混合日粮（TMR）。TMR是指根据不同类群或泌乳阶段奶牛的营养需要，按设计比例，将青贮、干草等粗饲料切割成一定长度，并和精饲料及各种矿物质、维生素等添加剂进行充分搅拌混合调制而成的一种营养相对平衡的日粮。因此，日粮管理的核心是配方管理和TMR任务。

（1）配方管理。奶牛在饲喂过程中一般分犊牛、育成期奶牛、青年牛、泌乳牛、干奶牛、围产牛、公牛、育肥牛8种。根据奶牛类型，结合奶牛体重、生理状态、管理环境以及是否放牧等因素，分析奶牛营养需要，编辑和选择饲料配方。

点击“配方管理”，输入“配方名称”关键字，可快速查询饲料配方（图8-2），点击“添加”，输入“配方名称”，选择“配置人”“状态”，添加“备注”，添加饲料配方（图8-3）。

点击“配方详情”，可点击“添加”按钮添加饲料原料，丰富饲料配方，设置“装料顺序”“物料”“物料重量”“延跳时间（分）”“延跳重量（kg）”“单价”“金额”（图8-4a、图8-4b）。点击“编辑”，可修改“配方名称”“配置人”，设置配方使用“状态”（图8-5）。

编号	配方名称	配置人	状态	配方价格	备注	操作
17	犊牛配方	张帅	启用	200.00		配方详情 编辑 删除
16	围产牛配方	张嘉文	启用	1200.00		配方详情 编辑 删除
15	育肥牛配方	王刚	禁用	1663.00		配方详情 编辑 删除
14	公牛配方	王立军	启用	1361.00		配方详情 编辑 删除
13	育肥牛配方	王立军	启用	1786.30		配方详情 编辑 删除
12	泌乳牛配方	王刚	启用	1815.60		配方详情 编辑 删除
10	育成牛配方	王刚	启用	4413.75		配方详情 编辑 删除
9	干奶牛配方	李虎	启用	2000.00		配方详情 编辑 删除
1	青年牛配方	力士记	禁用	1990.00	000	配方详情 编辑 删除

图8-2 查询饲料配方

图8-3　添加饲料配方

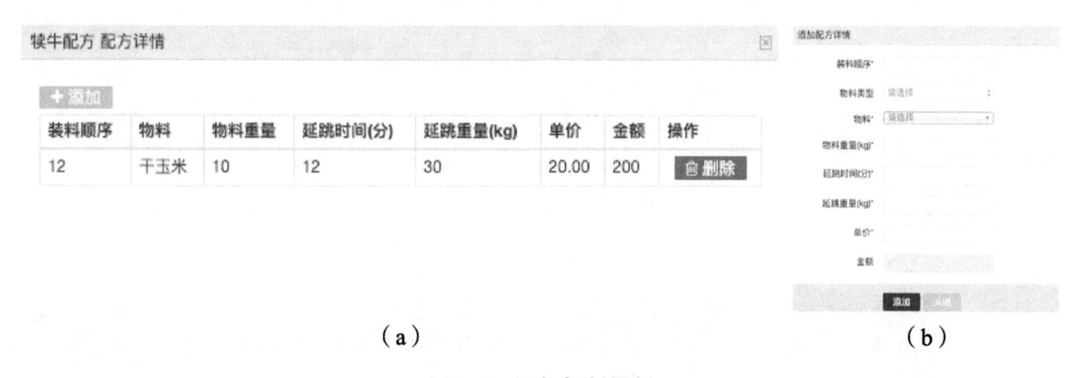

（a）　　　　　　　　　　　　　　　　　（b）

图8-4　添加饲料原料

圈名称	饲喂头数	配方名称	班次比例	状态	操作
公牛一舍	88	公牛配方	60：0：40：0	启用	编辑
公牛三舍	152	公牛配方	60：0：40：0	启用	编辑
公牛二舍	95	公牛配方	60：0：40：0	启用	编辑
后备牛二舍	110	育肥牛配方	60：0：40：0	启用	编辑
后备牛四舍	86	育肥牛配方	50：0：50：0	禁用	编辑
干奶牛三舍	100	干奶牛配方	30：30：20：20	启用	编辑
成母牛一舍	154	围产牛配方	20：20：30：30	启用	编辑
成母牛三舍	200	围产牛配方	40：0：60：0	启用	编辑
成母牛二舍	60	围产牛配方	40：0：60：0	启用	编辑
泌乳牛一舍	93	育肥牛配方	50：0：50：0	禁用	编辑
泌乳牛三舍	300	育成牛配方	30：20：30：20	启用	编辑
泌乳牛二舍	20	青年牛配方	20：30：30：20	禁用	编辑
犊牛一舍	122	犊牛配方	60：0：40：0	启用	编辑
犊牛二舍	21	犊牛配方	60：0：40：0	启用	编辑
犊牛五舍	36	犊牛配方	60：0：40：0	启用	编辑

图8-5　修改饲料配方

（2）圈舍配方。根据牛只各阶段的生长需要、妊娠需要、维持需要、泌乳需要和健康需要，针对某栋圈舍内牛只数量、类型及其所处生理阶段等情况制订饲粮配方，其目的在于对投喂日粮的量和投喂时间点进行管控，实现精准饲喂。

点击“圈舍配方”，可查询不同圈舍的“饲喂头数”“配方名称”“班次比例”及配方使用“状态”（图8-6），点击“编辑”，输入“饲喂头数”，选择“配方名称”，输入“班次1比例（%）”“班次2比例（%）”“班次3比例（%）”“班次4比例（%）”，选择“状态”，编辑圈舍配方（图8-7）。

圈名称	饲喂头数	配方名称	班次比例	状态	操作
公牛一舍	88	公牛配方	60 : 0 : 40 : 0	启用	编辑
公牛三舍	152	公牛配方	60 : 0 : 40 : 0	启用	编辑
公牛二舍	95	公牛配方	60 : 0 : 40 : 0	启用	编辑
后备牛二舍	110	后备牛配方	60 : 0 : 40 : 0	启用	编辑
后备牛四舍	86	后备牛配方	50 : 0 : 50 : 0	禁用	编辑
干奶牛三舍	100	干奶牛配方	30 : 30 : 20 : 20	启用	编辑
成母牛一舍	154	成母牛配方	20 : 20 : 30 : 30	启用	编辑
成母牛三舍	200	成母牛配方	40 : 1 : 0 : 0	启用	编辑
成母牛二舍	60	成母牛配方	40 : 0 : 0 : 0	启用	编辑
泌乳牛一舍	93	后备牛配方	50 : 0 : 50 : 0	禁用	编辑
泌乳牛三舍	300	育成牛配方	30 : 20 : 30 : 20	启用	编辑
泌乳牛二舍	20	育成牛配方	20 : 30 : 30 : 20	禁用	编辑
犊牛一舍	122	犊牛配方	60 : 2 : 2 : 1	启用	编辑

图8-6　查询圈舍配方

图8-7　编辑圈舍配方

（3）TMR任务。TMR任务是指根据牛场各个圈舍的配方要求，用TMR机将日粮混合搅拌后投送至牛槽，实现牛群24 h自由采食、自由饮水。TMR任务用于对不同圈舍的TMR日粮进行编号，并对班次、加料人及撒料人进行分配和记录。

点击“TMR任务”，选择“TMR编号”“班次”“圈舍”可查询不同圈舍的“TMR编号”“班次”“圈舍名称”“加料人”“撒料人”及使用“状态”（图8-8）。点击“编辑”，选择“TMR编号”“班次”“圈舍”“加料人”“撒料人”及使用“状态”，编辑TMR任务（图8-9）。

精准饲喂 ›
日粮管理 ›
» 配方管理
» 圈舍配方
» TMR任务
» TMR班次
任务预览 ›
» 加料预览
» 撒料预览
报表 ›
» 加料报表
» 撒料报表
» 加料汇总
» 撒料汇总

TMR任务

TMR编号：　班次：　圈舍：　搜索　清空

+ 添加

TMR编号	班次	圈舍名称	加料人	撒料人	状态	操作
9802874	公牛午班	犊牛一舍	王刚	王刚	启用	编辑
12441220	公牛早班	公牛二舍	金星	张嘉文	启用	编辑
12441220	公牛早班	公牛一舍	金星	王刚	启用	编辑
9802874	后背牛夜班	后备牛三舍	权限测试号	李刚	启用	编辑
12441220	泌乳牛夜班	泌乳牛一舍	张嘉文	张嘉文	启用	编辑
12441220	泌乳牛夜班	泌乳牛二舍	马六文	李氏文	启用	编辑
9802874	育肥牛午班	成母牛二舍	金星	张帅	启用	编辑
9802874	泌乳牛夜班	泌乳牛三舍	李文叔	权限测试号	启用	编辑
9802874	干奶牛晚班	干奶牛一舍	李文叔	master	启用	编辑
9802874	育肥牛午班	成母牛三舍	权限测试号	李氏文	启用	编辑

上一页　1　2　3　下一页　到第　1　页　确定　10 条/页

图8-8　查询TMR任务

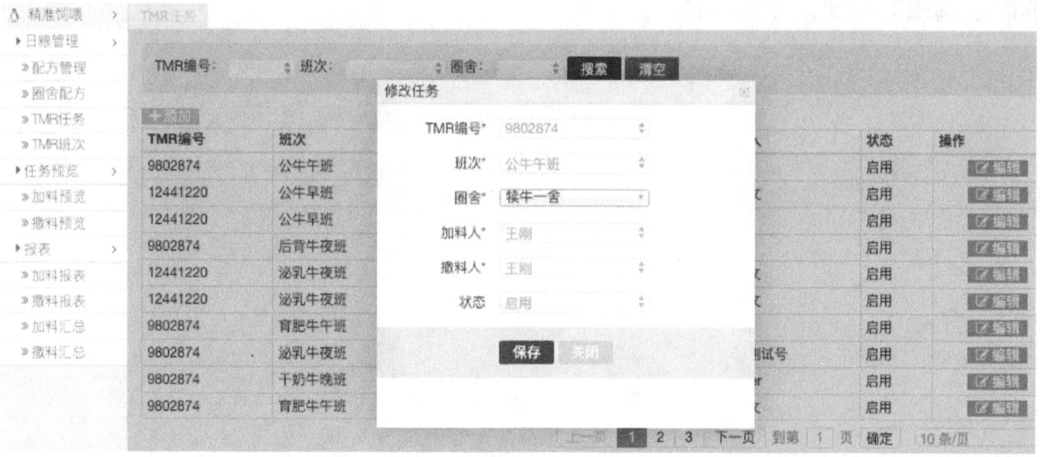

修改任务

TMR编号*　9802874
班次*　公牛午班
圈舍*　犊牛一舍
加料人*　王刚
撒料人*　王刚
状态　启用

保存　关闭

图8-9　编辑TMR任务

点击“添加”，选择“TMR编号”“班次”“圈舍”“加料人”“撒料人”及使用“状态”，添加TMR任务（图8-10）。

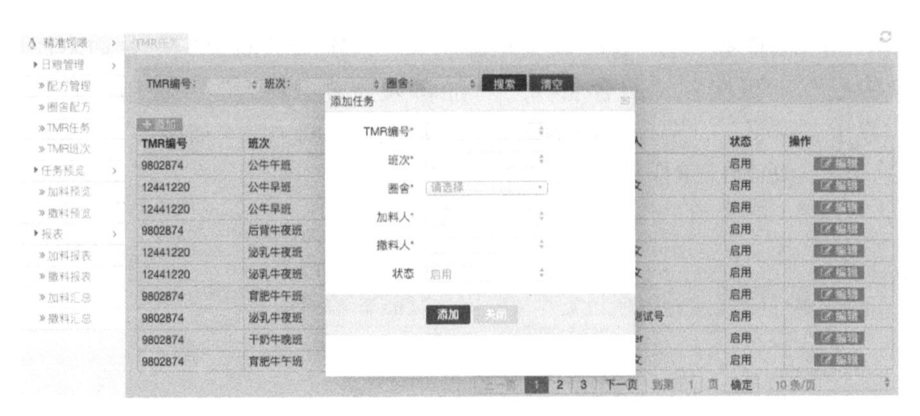

图8-10　添加TMR任务

（4）TMR班次。饲喂TMR日粮可以增加奶牛的日采食次数，为瘤胃微生物提供更加稳定的营养物质，而且可以维持瘤胃pH值稳定，从而减少瘤胃疾病，特别是可有效避免奶牛挑食。同时饲喂TMR日粮还便于添加一些适口性差的原料，全天候自由采食可使干物质采食量最大化，提高饲喂效率。因此，建立TMR日粮饲喂规范管理制度（时间、次数等）并进行排班，至关重要。

点击“TMR班次”，可查询TMR“班次”“说明”“开始时间”“结束时间”（图8-11）。点击“编辑”，选择“班次”，输入“说明”“开始时间”“结束时间”，编辑TMR班次（图8-12）。

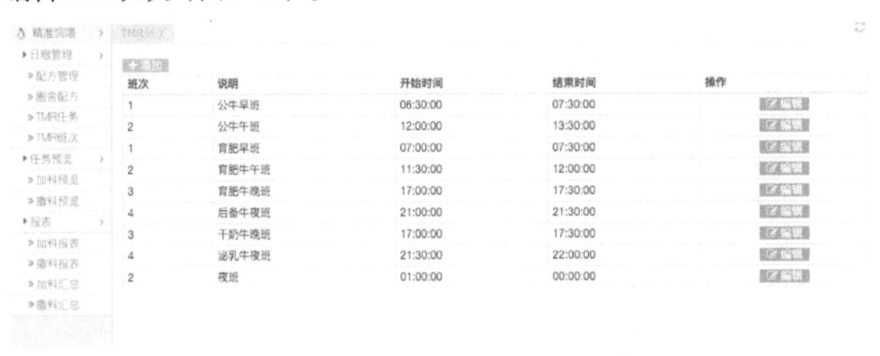

图8-11　查询TMR班次

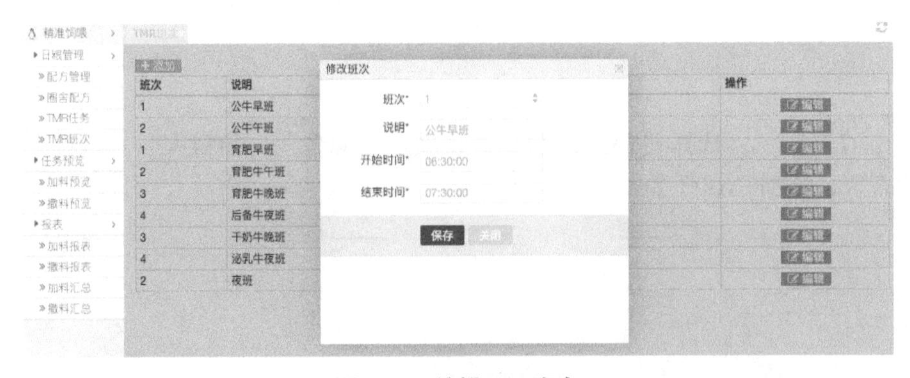

图8-12　编辑TMR班次

点击“添加”，选择“班次”，输入“说明”“开始时间”“结束时间”，添加TMR班次（图8-13）。

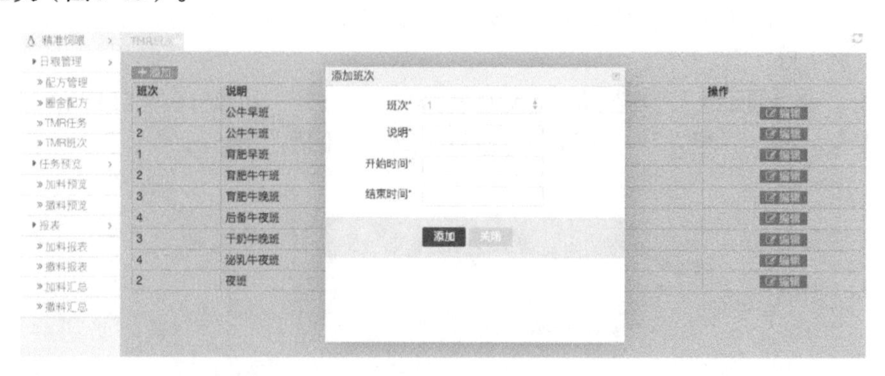

图8-13　添加TMR班次

8.1.2　任务预览

任务预览包括两方面，一是加料任务，二是撒料任务。在进行任务实施前，需要对加料和撒料任务进行预览。

8.1.2.1　加料预览

加料是指将配方中的饲料原料按照比例加入TMR机，进行充分搅拌，制成TMR日粮。在这一过程中，使用称重监控设备，无线智能技术可实现从电脑配方到铲车到TMR搅拌车的精准化配料管理无缝连接，清晰的指令能够使操作工人便捷地了解操作步骤。加料预览是指管理人员可通过系统查看每种TMR任务的配方情况、饲喂头数以及对应圈舍，这样可以便于检查加料情况和及时调整TMR任务。

点击“加料预览”，选择“TMR编号”“班次”可查询“TMR编号”“班次”“圈舍名称”“配方”“头数”“总重量（kg）”“物料”“重量（kg）”信息（图8-14）。

TMR编号：全部　班次：全部　搜索　清空

TMR编号	班次	圈舍名称	配方	头数	总重量(kg)	物料	重量(kg)
9802874	公牛午班	公牛二舍	公牛配方	95	1000	苜蓿干草	460
						玉米	145
						食盐	5
						玉米青贮	390
12441220	公牛午班	公牛二舍	公牛配方	95	1000	苜蓿干草	460
						玉米	145
						食盐	5
						玉米青贮	390
9802874	后备牛夜班	后备牛二舍	育肥牛配方	110	1000	玉米	33
						麸皮	5
						豆粕	9
						鱼粉	1
						磷酸氢钙	1
						食盐	1
						苜蓿干草	800
						玉米青贮	150
9802874	泌乳牛夜班	干奶牛三舍	干奶牛配方	100	1000	苜蓿干草	800
						玉米	200

图8-14　查询加料预览

8.1.2.2 撒料预览

与加料预览的目的相同，撒料预览用于查看TMR任务的饲喂“配方”“头数”“重量（kg）”。

点击“撒料预览”，选择“TMR编号”“班次”可查询“TMR编号”“班次”“圈舍名称”“配方”“头数”“重量（kg）”信息（图8-15）。

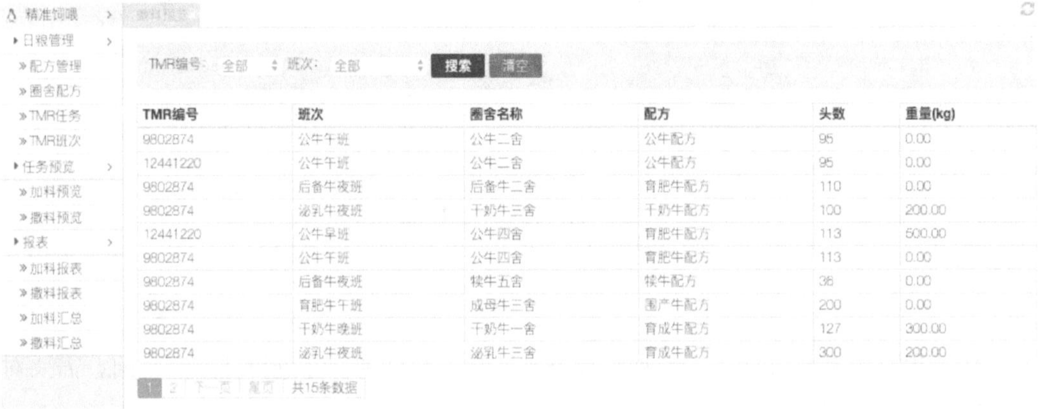

TMR编号	班次	圈舍名称	配方	头数	重量(kg)
9802874	公牛午班	公牛二舍	公牛配方	95	0.00
12441220	公牛午班	公牛二舍	公牛配方	95	0.00
9802874	后备牛夜班	后备牛二舍	育肥牛配方	110	0.00
9802874	泌乳牛夜班	干奶牛三舍	干奶牛配方	100	200.00
12441220	公牛早班	公牛四舍	育肥牛配方	113	500.00
9802874	公牛午班	公牛四舍	育肥牛配方	113	0.00
9802874	后备牛夜班	犊牛五舍	犊牛配方	36	0.00
9802874	育肥牛午班	成母牛三舍	围产牛配方	200	0.00
9802874	干奶牛晚班	干奶牛一舍	育成牛配方	127	300.00
9802874	泌乳牛夜班	泌乳牛三舍	育成牛配方	300	200.00

图8-15 查询撒料预览

8.1.3 报表

报表主要包括加料报表、撒料报表以及两者的汇总情况。制作报表的目的主要是方便管理者了解一定时间内TMR日粮的制作及投放情况，从而制订合理的饲喂计划，保证奶牛的干物质采食量及牛奶质量，也有利于牧场控制饲料成本。

8.1.3.1 加料报表

点击“加料报表”，输入“日期”，选择“TMR编号”“班次”，可查询“日期”“TMR编号”“班次”“饲料名称”“计划重量”“实际重量”“计划价格”“实际价格”“误差值”“误差率”信息（图8-16）。

日期	TMR编号	班次	饲料名称	计划重量	实际重量	计划价格	实际价格	误差值	误差率
2020-12-09	9802874	育肥早班	苜蓿干草	800	835	1,600.00	1,670.00	70.00	4.38%
2020-12-09	9802874	育肥早班	玉米	200	192	400.00	384.00	-16.00	-4.00%
2020-12-09	9802874	公牛早班	豆粕	125	123	375.00	369.00	-6.00	-1.60%
2020-12-09	9802874	公牛早班	玉米青贮	875	882	262.50	264.60	2.10	0.80%
2020-12-09	9802874	公牛早班	玉米	33	32	72.60	70.40	-2.20	-3.03%
2020-12-09	9802874	公牛早班	麸皮	5	5	15.00	15.00	0.00	0.00%
2020-12-09	9802874	公牛早班	豆粕	9	9	29.70	29.70	0.00	0.00%
2020-12-09	9802874	公牛早班	鱼粉	1	1	8.00	8.00	0.00	0.00%
2020-12-09	9802874	公牛早班	磷酸氢钙	1	1	15.00	15.00	0.00	0.00%
2020-12-09	9802874	公牛早班	食盐	1	1	1.00	1.00	0.00	0.00%

图8-16 查询加料报表

8.1.3.2　撒料报表

点击“撒料报表”，输入“日期”，选择“TMR编号”“班次”，可查询“日期”“TMR编号”“班次”“圈舍”“计划重量”“实际重量”“计划价格”“实际价格”“误差值”“误差率”“完成时间”“配方名称”“饲喂头数”“加料人”“撒料人”信息（图8-17）。

日期	TMR编号	班次	圈舍	计划重量	实际重量	计划价格	实际价格	误差值	误差率	完成时间	配方名称	饲喂头数	加料人	撒料人
2020-12-09	9802874	后备牛夜班	成母牛一舍	300	206	600.00	412.00	-188.00	-31.33%	2020-12-09 21:15	干奶牛配方	130	王龙	张强
2020-12-09	9802874	育肥牛晚班	成母牛三舍	300	206	600.00	412.00	-188.00	-31.33%	2020-12-09 17:38	干奶牛配方	130	王龙	张强
2020-12-09	9802856	干奶牛晚班	干奶牛二舍	400	419	716.00	750.01	34.01	4.75%	2020-12-09 17:22	后备牛配方	110	孟和苏拉	张安安
2020-12-09	9802856	干奶牛晚班	干奶牛一舍	400	385	716.00	689.15	-26.85	-3.75%	2020-12-09 17:04	后备牛配方	110	孟和苏拉	张安安
2020-12-09	9802874	育肥牛午班	成母牛一舍	200	206	400.00	412.00	12.00	3.00%	2020-12-09 12:00	干奶牛配方	130	王龙	张强
2020-12-09	9802874	育肥早班	后备牛四舍	200	206	400.00	412.00	12.00	3.00%	2020-12-09 07:40	干奶牛配方	130	王龙	张强
2020-12-09	9802874	公牛早班	公牛二舍	300	308	1,323.00	1,358.28	35.28	2.67%	2020-12-09 07:39	育成牛配方	300	孟和苏拉	张安安
2020-12-09	9802874	公牛早班	公牛四舍	600	596	1,074.00	1,066.84	-7.16	-0.67%	2020-12-09 07:28	后备牛配方	110	孟和苏拉	张安安
2020-12-09	9802874	公牛早班	公牛四舍	600	629	1,074.00	1,125.91	51.91	4.83%	2020-12-09 07:27	后备牛配方	110	孟和苏拉	张安安
2020-12-08	9802874	后备牛夜班	成母牛三舍	300	206	600.00	412.00	-188.00	-31.33%	2020-12-08 21:26	干奶牛配方	130	王龙	张强

图8-17　查询撒料报表

8.1.3.3　加料汇总

点击“加料汇总”，输入“日期”，可查询“物料名称”“计划重量”“实际重量”“计划价格”“实际价格”“误差值”“误差率”信息（图8-18）。

物料名称	计划重量	实际重量	计划价格	实际价格	误差值	误差率
玉米	3317	3265	7,826.40	7,821.80	-4.60	-0.06%
苜蓿干草	22400	22449	44,800.00	44,898.00	98.00	0.22%
豆粕	1876	1863	5,665.80	5,626.80	-39.00	-0.69%
玉米青贮	14350	14383	4,305.00	4,314.90	9.90	0.23%
麸皮	70	70	210.00	210.00	0.00	0.00%
鱼粉	14	14	112.00	112.00	0.00	0.00%
碳酸氢钙	14	14	210.00	210.00	0.00	0.00%
食盐	14	14	14.00	14.00	0.00	0.00%

图8-18　查询加料汇总

8.1.3.4　撒料汇总

点击“撒料汇总”，输入“日期”，可查询“圈舍名称”“计划重量”“实际重量”“计划价格”“实际价格”“误差值”“误差率”信息（图8-19）。

日期：

圈舍名称	计划重量	实际重量	计划价格	实际价格	误差值	误差率
公牛一舍	3720	3675	13,800.00	13,228.79	-571.21	-4.14%
公牛三舍	4500	4492	10,413.00	10,372.48	-40.52	-0.39%
公牛二舍	9300	9229	19,005.00	18,925.07	-79.93	-0.42%
公牛四舍	3600	3615	8,016.00	8,103.11	87.11	1.09%
后备牛一舍	600	618	1,200.00	1,236.00	36.00	3.00%
成母牛一舍	4800	3914	9,600.00	7,828.00	-1,772.00	-18.46%
成母牛三舍	3900	3090	7,800.00	6,180.00	-1,620.00	-20.77%
后备牛四舍	1600	1648	3,200.00	3,296.00	96.00	3.00%
成母牛二舍	3100	2266	6,200.00	4,532.00	-1,668.00	-26.90%
干奶牛二舍	2000	2030	3,580.00	3,633.70	53.70	1.50%
干奶牛一舍	4800	4784	8,592.00	8,563.36	-28.64	-0.33%
干奶牛三舍	4400	4465	7,876.00	7,992.35	116.35	1.48%

图8-19　查询撒料汇总

8.2　养殖管理

养殖管理系统包括了牛只信息、淘汰、调群、发情、配种、初检、复检、干奶、产犊、禁配、解配、流产、去角、修蹄、计步器、体况评分、死亡、标准管理、体尺测定19项，涵盖了奶牛养殖的主要环节（图8-20、图8-21）。

耳号：　入群日期：　出生日期：　状态：　健康状态：　周期：　搜索　清空

耳号	场	性别	入群来源	入群时间	注册号	出生时间	出生重(kg)	毛色	栋舍	品种	状态	健康状态	周期	胎次	总产子数	操作
10000536	华北区-华北二场	母		2021-08-13		2021-08-13	0.00		犊牛三舍	中国荷斯坦奶牛	在场	疾病	复检+	0	0	编辑 删除
10000201	华北区-华北二场	母	本场出生	2020-12-10	a-s-d-201	2020-12-02	42.00	灰色	犊牛二舍	中国荷斯坦奶牛	在场	健康	产后未配	0	0	编辑 删除
[illegible]	华北区-华北二场	母	本场出生	2020-12-10	a-s-d-200	2020-12-02	35.00	灰色	犊牛五舍	新疆褐牛	离群	健康	产后未配	0	0	编辑 删除
10000199	华北区-华北二场	母	本场出生	2020-12-10	a-s-d-199	2020-12-02	33.00		犊牛三舍	新疆褐牛	在场	疾病	产后未配	0	0	编辑 删除
[illegible]	华北区-华北二场	母	本场出生	2020-12-10	a-s-d-198	2020-12-02	35.00	红色	犊牛五舍	草原红牛	离群	健康	产后未配	0	0	编辑 删除
10000197	华北区-华北二场	母	本场出生	2020-12-10	a-s-d-197	2020-12-02	41.00		犊牛五舍	草原红牛	在场	健康	产后未配	0	0	编辑 删除
10000196	华北区-华北二场	母	本场出生	2020-12-10	a-s-d-196	2020-12-02	36.00	灰色	犊牛一舍	草原红牛	在场	疾病	产后未配	0	0	编辑 删除
10000195	华北区-华北二场	母	本场出生	2020-12-10	a-s-d-195	2020-12-02	43.00	紫色	犊牛一舍	草原红牛	在场	疾病	产后未配	0	0	编辑 删除
[illegible]	华北区-华北二场	母	本场出生	2020-12-10	a-s-d-194	2020-12-02	44.00	灰色	犊牛二舍	草原红牛	离群	疾病	产后未配	0	0	编辑 删除
10000193	华北区-华北二场	母	本场出生	2020-12-10	a-s-d-193	2020-12-02	40.00	黄色	犊牛一舍	草原红牛	在场	疾病	产后未配	0	0	编辑 删除

1　2　3　4　5　…　21　下一页　确定

图8-20　养殖管理系统

养殖管理系统实现了云端管理与手持终端信息交互，线上线下共同完成对奶牛生产养殖的全环节管理，由养殖管理工作人员线上统筹，制订养殖计划，工作任务下发到手持终端设备，养殖人员完成一线操作工作，并及时反馈异常信息，极大程度减少了信息交换和记录的成本。

图8-21　手持终端设备生产管理

8.3　提醒预警

提醒预警根据标准管理，指导奶牛生产管理过程。其中橙色预警包括：产后90 d未配、产后180 d未孕、青年牛16月龄未配、青年牛20月龄未孕、屡配不孕通知、超期未愈、超期未产、超期未干奶。

在提醒预警页面中（图8-22、图8-23），可根据不同的预警信号对牛只进行分类，在“通知”栏中，可查看预计干奶、预计产犊、青年牛发情初配、过自愿等待期应配牛、配后返情监测、流产未配、瞎乳区牛淘汰和禁配通知。

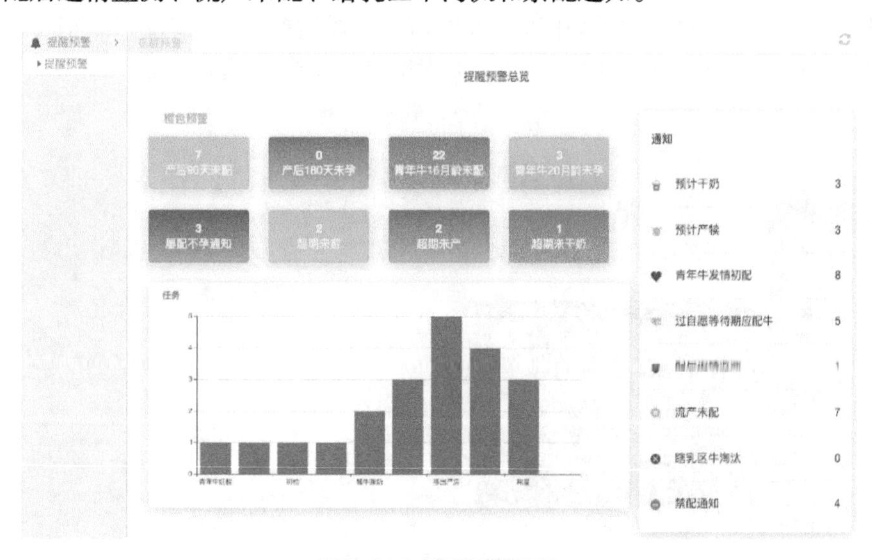

图8-22　提醒预警总览

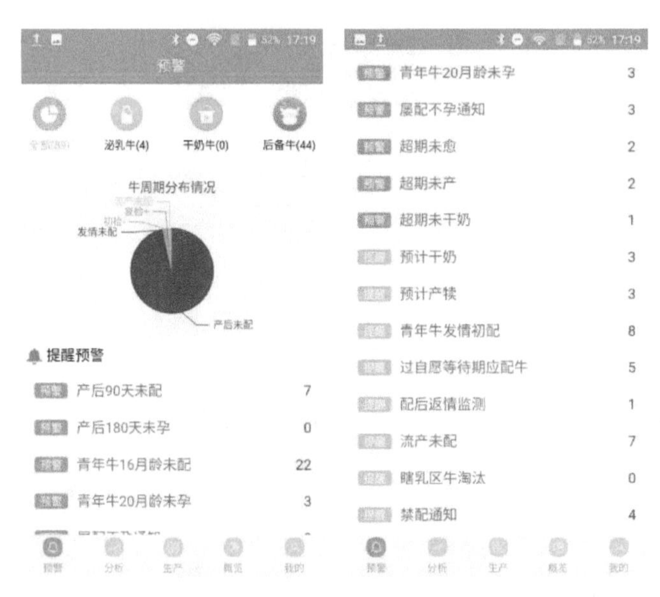

图8-23　手持终端设备预警

8.4　实景监控

实景监控可通过一整套的温湿度和有害气体监测方案，来保障圈舍内动物生长、发育的环境，提高经济效益。奶牛舍环境对奶牛的生产性能具有决定性影响，当牛舍小气候变化幅度超出奶牛的适应范围时，奶牛的生产性能和健康便会受到负面影响。

目前，可通过实景监控系统监测的圈舍种类（图8-24）分为干奶围产牛舍、犊牛舍、后备牛舍、泌乳牛舍、干奶牛舍、青年牛舍、成母牛舍、育肥牛舍、公牛舍和经产牛舍。评价牛舍环境的指标有温度、湿度、二氧化碳浓度、氨气浓度、硫化氢浓度以及光照强度，在牧场内的每栋牛舍中都要实时监测上述指标，以便对24 h、48 h、当月以及上个月的各项环境指标进行统计分析，并及时调控牛舍环境。

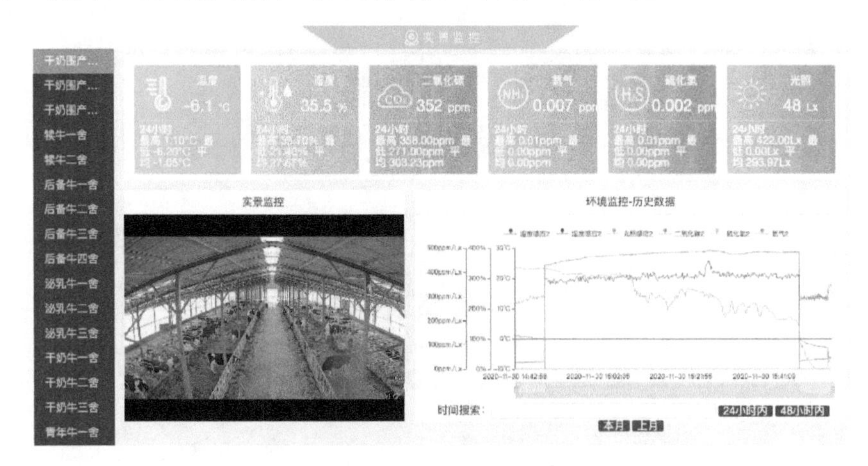

图8-24　实景监控系统

8.5　物料管理

物料管理是对企业生产经营活动所需各种物料的采购、验收、供应、保管、发放、合理使用、节约和综合利用等一系列计划、组织、控制等管理活动的总称。能协调企业内部各职能部门之间的关系，从企业整体角度控制物料“流”，做到供应好、周转快、消耗低、费用省、经济效益好，以保证企业生产顺利进行。物料管理包括仓库、物资分类、物资管理、物资入库、物资出库以及物资盘点等内容。

（1）仓库。仓库是物资供应体系的一个重要组成部分，仓库种类有牛奶储存库、冷鲜仓库、药品疫苗仓库、物资仓库、精料仓库、草料的仓库、药品仓库、饲料仓库等，存放牧场现存的奶酪、化学药品、办公用品、实验室用品、劳保、器械、低值易耗品、冻精、兽药以及饲料等物资。

点击“仓库”，输入“仓库名称”关键字，可查询仓库“编号”“仓库名称”“所属场”“创建时间”信息（图8-25）。点击“添加”，可对不同编号、仓库名称、所属场的仓库进行仓库信息添加（图8-26）。

物料管理：仓库、物资分类、物资管理、物资入库、物资出库、物资盘点

仓库名称：请输入关键字...　搜索　清空

+添加

编号	仓库名称	所属场	创建时间	操作
8	牛奶储存库	华北二场	2020-09-25 11:26:02	编辑 删除
7	冷鲜仓库	华北二场	2020-09-25 11:25:28	编辑 删除
6	药品疫苗仓库	华北二场	2020-09-25 08:40:36	编辑 删除
5	物资仓库	华北二场	2020-09-25 08:40:24	编辑 删除
4	精料仓库	华北二场	2020-09-23 14:06:58	编辑 删除
3	草料的仓库	华北二场	2020-09-23 14:06:47	编辑 删除
2	药品仓库	华北二场	2020-08-20 17:28:13	编辑 删除
1	饲料仓库	华北二场	2020-08-20 17:16:07	编辑 删除

上一页　1　下一页　到第　1　页　确定　10条/页

图8-25　查询仓库信息

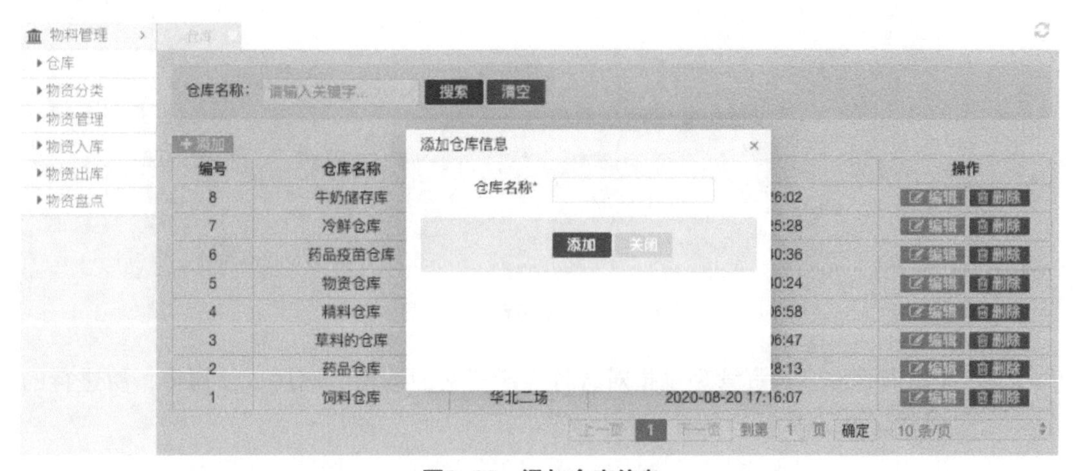

图8-26　添加仓库信息

（2）物资分类。物资分类是根据物资管理的不同要求，按照一定标志所划分的物资类别。牧场将现存的奶酪、化学药品、办公用品、实验室用品、劳保、器械、低值易耗品、冻精、兽药以及饲料等物资进行分类，可详细记录数量，查询是否可用。

点击“物资分类”，输入“类型名称”关键字，可查询“编号”“类型名称”“是否可用”信息（图8-27）。点击“添加”，可对“类型名称”进行编辑后添加物资类型信息（图8-28），点击“删除”，可删除添加的类型名称。

物料管理 >
▸仓库
▸物资分类
▸物资管理
▸物资入库
▸物资出库
▸物资盘点

类型名称： 请输入关键字... 搜索 清空

+添加

编号	类型名称	是否可用	操作
19	奶酪	可用	编辑 删除
9	化学药品	可用	编辑 删除
8	办公用品	可用	编辑 删除
7	实验室用品	可用	编辑 删除
6	劳保	可用	编辑 删除
5	器械	可用	编辑 删除
4	低值易耗品	可用	编辑 删除
3	冻精	可用	编辑 删除
2	兽药	可用	编辑 删除
1	饲料	可用	编辑 删除

上一页 1 下一页 到第 1 页 确定 10条/页

图8-27　查询物资分类信息

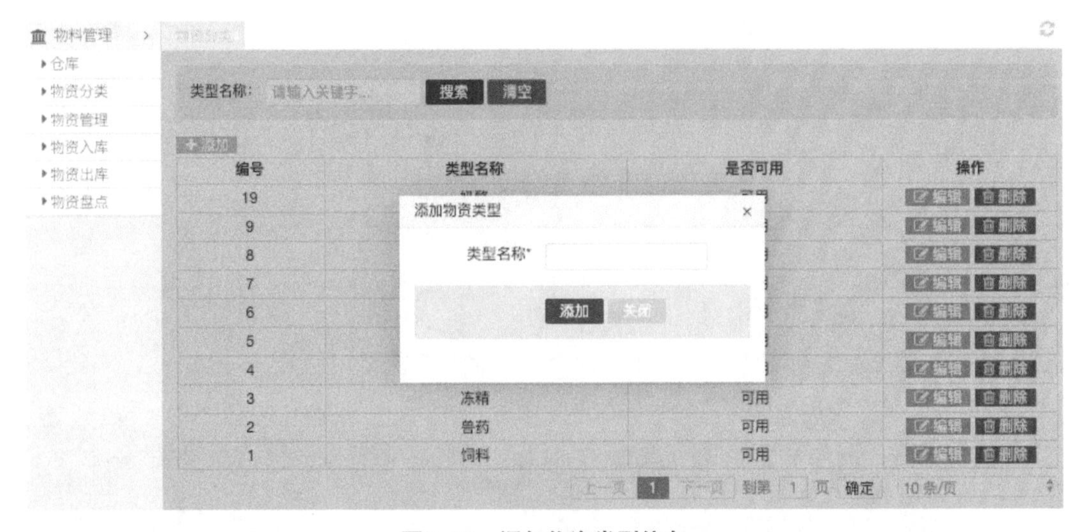

图8-28　添加物资类型信息

（3）物资管理。物资管理是指对各种生产资料的购销、储运、使用等，所进行的计划、组织和控制工作。

点击“物资管理”，选择“物资类型”，输入“物资名称”关键字，可查询“编号”“物资类型”“物资名称”“单位”“价格”信息（图8-29）。点击“添加”，选择“物资类型”“单位”，输入“物资名称”“物资价格”添加物资管理信息（图8-30），点击“删除”，可对添加后的物资进行删除。

物料管理　仓库　物资分类　物资管理　物资入库　物资出库　物资盘点

物资类型：　物资名称：请输入关键字...　搜索　清空

添加

编号	物资类型	物资名称	单位	价格	操作
20	器械	绳子	公斤	19.00	编辑 删除
19	实验室用品	测温枪	台	500.00	编辑 删除
18	办公用品	计步器	台	950.00	编辑 删除
17	奶酪	冷冻类奶酪	包	50.00	编辑 删除
15	兽药	开胃药品	市斤	12.00	编辑 删除
14	饲料	大米	市斤	12.00	编辑 删除
7	低值易耗品	洗衣粉	件	12.00	编辑 删除
6	冻精	k2冻精	市斤	12.00	编辑 删除
5	饲料	干玉米	市斤	12.00	编辑 删除

上一页　1　下一页　到第 1 页　确定　10 条/页

图8-29　查询物资管理信息

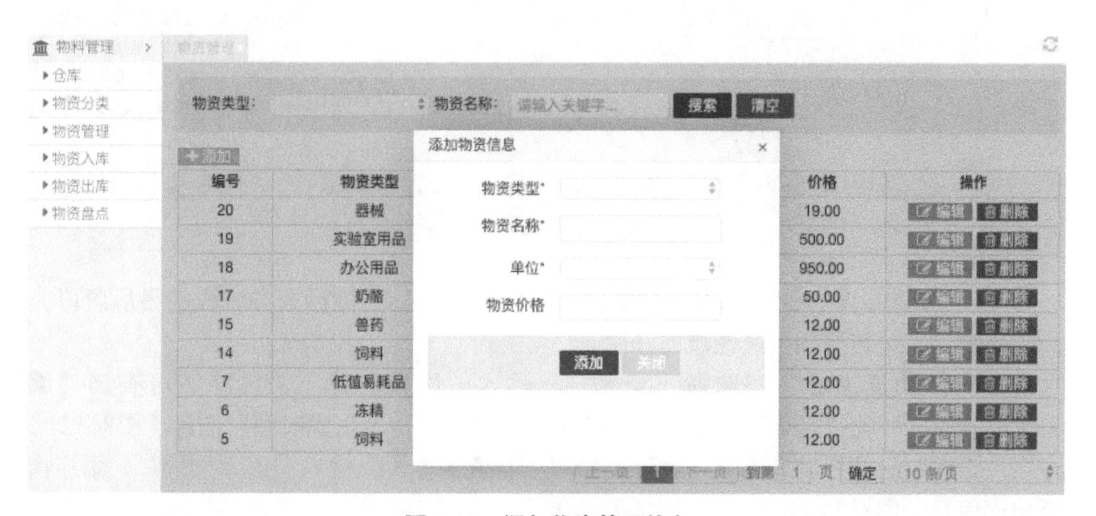

图8-30　添加物资管理信息

（4）物资入库。物资入库是物资储存活动的开始，是仓储作业的首要环节。

点击“物资入库”，选择“仓库”，输入“物资名称”关键字，可查询“编号”“仓库”“物资名称”“单位”“数量”“操作人”“入库时间”信息（图8-31）。点击“入库”，选择“仓库”“物资类型”“物资名称”，输入“物资数量”添加物资入库信息（图8-32）。

图8-31　查询入库信息

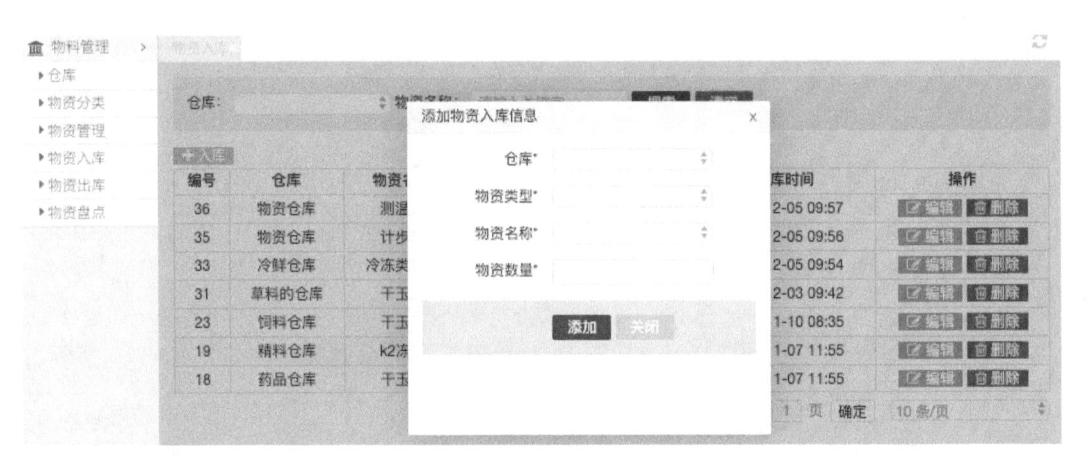

图8-32　添加物资入库信息

（5）物资出库。物资出库是物资储存阶段的结束，是储运业务流程的最后阶段，标志着物资实体转移到生产领域的开始。

点击“物资出库”，选择“仓库”，输入“物资名称”关键字，可查询“编号”“仓库”“物资名称”“单位”“数量”“操作人”“出库时间”信息（图8-33）。点击“出库”，选择“仓库”“物资类型”“物资名称”，输入“出库数量”，添加物资出库信息（图8-34）。

（6）物资盘点。物资盘点是指对库存物资进行清查核算。其目的是要掌握库存数量及保管情况，以便及时发现问题，采取有效措施，堵塞漏洞，保证物资的完整和安全。

点击“物资盘点”，选择“仓库”“物资类型”，输入“物资名称”关键字，可查询“编号”“仓库”“物资类型”“物资名称”“单位”“数量”信息（图8-35）。

仓库：　物资名称：请输入关键字...　搜索　清空

+出库

编号	仓库	物资名称	单位	数量	操作人	出库时间	操作
39	冷鲜仓库	冷冻类奶酪	包	12		2020-12-05 16:19	编辑 删除
38	物资仓库	测温枪	台	10	李氏文	2020-12-05 09:58	编辑 删除
37	物资仓库	计步器	台	10	李氏文	2020-12-05 09:57	编辑 删除
34	冷鲜仓库	冷冻类奶酪	包	400	李氏文	2020-12-05 09:55	编辑 删除
32	草料的仓库	干玉米	市斤	5	张海	2020-12-03 09:44	编辑 删除
24	饲料仓库	干玉米	市斤	10	李文叔	2020-11-10 08:36	编辑 删除
22	精料仓库	k2冻精	市斤	20	管理员	2020-11-07 11:56	编辑 删除
21	药品仓库	干玉米	市斤	500	张海	2020-11-07 11:56	编辑 删除
20	药品仓库	干玉米	市斤	500	管理员	2020-11-07 11:56	编辑 删除

图8-33　查询物资出库信息

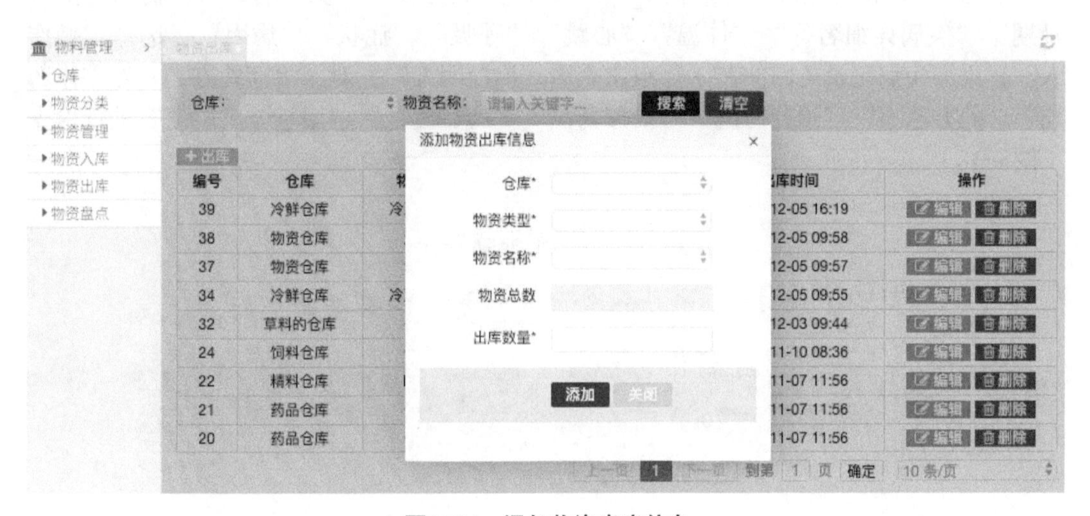

图8-34　添加物资出库信息

仓库：　物资类型：　物资名称：请输入关键字...　搜索　清空

编号	仓库	物资类型	物资名称	单位	数量
13	物资仓库	实验室用品	测温枪	台	40
12	物资仓库	办公用品	计步器	台	40
11	冷鲜仓库	奶酪	冷冻类奶酪	包	388
10	草料的仓库	饲料	干玉米	市斤	5
9	饲料仓库	饲料	干玉米	市斤	0
8	精料仓库	冻精	k2冻精	市斤	180
7	药品仓库	饲料	干玉米	市斤	0

物料管理　仓库　物资分类　物资管理　物资入库　物资出库　物资盘点

上一页 1 下一页 到第 1 页 确定 10 条/页

图8-35　查询物资盘点信息

8.6 疾病防疫

随着奶牛的集约化生产和限位饲养，在奶牛产奶量大幅度提高的同时，其疾病也相应增多而复杂，所造成的潜在生产性能降低，诸如产奶量下降、发情配种延迟、利用年限缩短以及由此所造成的经济损失更无法估计，而这往往又常被人们所忽视。因此，保证奶牛健康，减少隐性和临床型疾病的发生及所造成的经济损失，加强奶牛疾病早期监测，提早预报，及时控制，是当前奶牛生产中一项极其重要的工作。

（1）疾病记录。疾病管理系统可为未来可能发生的疾病提供参考模板，降低操作人员操作难度。

点击“疾病记录”，选择“牛耳号”，输入“疾病时间”，可查询“编号”“圈舍”“耳号”“疾病分类”“疾病名称”“发病时间”“疾病详细名称”“体温”“心跳”“呼吸”“主要症状”“病因”“处置”“兽医姓名”信息（图8-36）。

点击“添加”，选择“圈舍”“耳号”“疾病分类”“疾病名称”，输入“疾病日期”“疾病详细名称”“体温”“心跳”“呼吸”“症状”“病因”，选择“操作人”，添加疾病记录（图8-37）。点击查看“治疗明细”，对“治疗处方”“处方休药期”“处方状态”“治疗时间”“治疗药品”“药品编号”“用量”“厂商”进行检查（图8-38）。

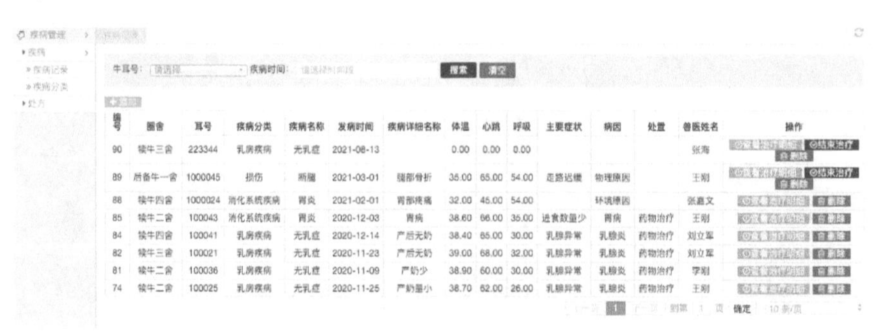

图8-36　查询疾病记录

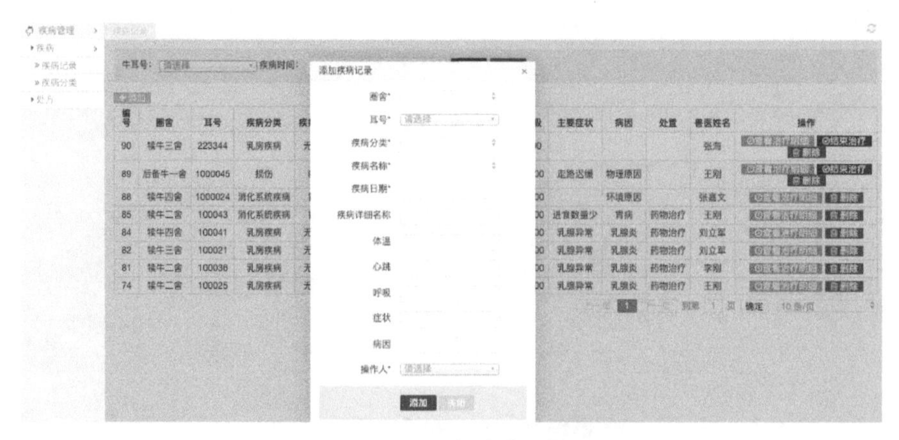

图8-37　添加疾病记录

图8-38　查看治疗明细

（2）疾病分类。疾病分类一般是指根据发病原因和病变部位，把疾病分成若干类组而加以编列。疾病分类系统对“编号”“疾病名称”“疾病分类”进行记录，按照寄生虫病、外科感染、生殖系统感染、损伤、四肢疾病、乳房疾病、消化系统疾病等大类进行分类管理。

点击“疾病分类”，选择“分类”，输入“疾病名称”关键字，可查询“编号”“疾病名称”“疾病分类”信息（图8-39）。点击“添加”，输入“疾病名称”，选择“疾病类型”添加疾病分类（图8-40），点击“删除”可对添加后的记录进行删除。

图8-39　查询疾病分类

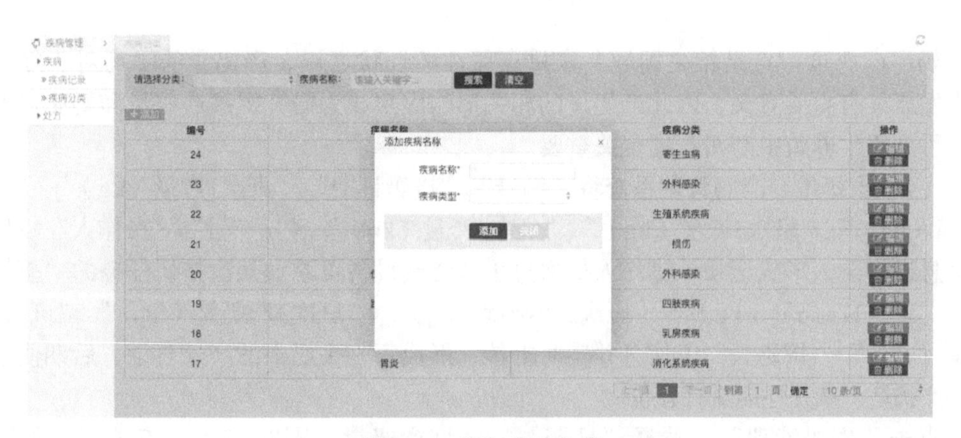

图8-40　添加疾病分类

（3）处方。处方是药剂人员调配药品的依据。点击“处方”，输入“处方名称”，可查询“编号”“处方名称”“休药期”“疾病种类”“疾病名称”“状态”“操作人”信息（图8-41）。点击“添加”，输入“处方名称”“休药期”，选择“疾病种类”“疾病名称”“处方状态”“操作人”，填写“备注”，编辑处方记录（图8-42）。兽医通过系统查找、参考过往处方，对牛疾病进行诊断、处理，及时了解过往病史、用药等记录，进一步对操作人员操作处理进行指导。

编号	处方名称	休药期	疾病种类	疾病名称	状态	操作人	操作
110	杀虫	10天	寄生虫病	跳蚤	启用	王刚	编辑 删除
109	治疗伤口	20天	外科感染	伤口感染	启用	张嘉文	编辑 删除
108	驱虫	10天	寄生虫病	跳蚤	启用	张帅	编辑 删除
107	缺vc	20天	四肢疾病	蹄甲腐烂	启用	王立军	编辑 删除
106	乳房治疗	5天	消化系统疾病	胃炎	启用	刘立军	编辑 删除
105	治疗蹄病	44天	乳房疾病	无乳症	禁用	刘立军	编辑 删除
104	治疗消化	44天	消化系统疾病	胃炎	禁用	李刚	编辑 删除
101	治疗	0天	乳房疾病	无乳症	启用	王刚	编辑 删除

图8-41　查询处方记录

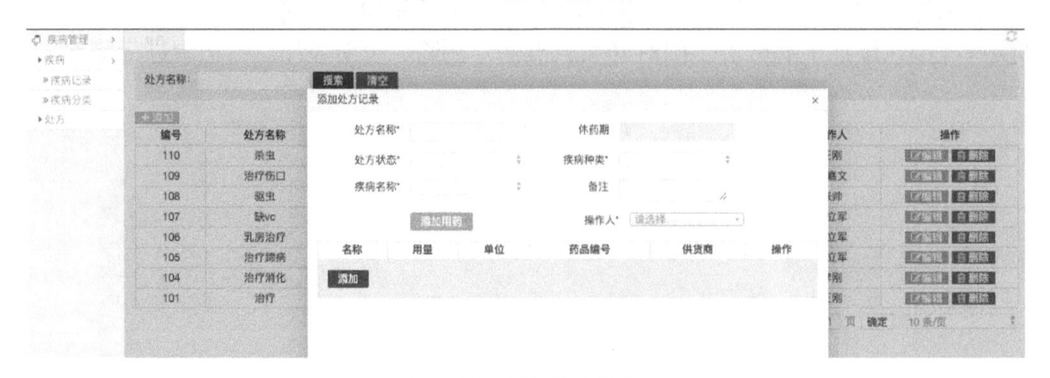

图8-42　编辑处方记录

8.7　产奶管理

奶牛产奶量一直是相关领域专家重点关注的性状之一，产奶量的提高对于经济和民生发展具有重要意义，因此产奶量的相关影响因素成为研究提高产奶量和奶质量的焦点。可见奶牛养殖中产奶管理至关重要。

（1）产奶量。产奶管理系统将“编号”“挤奶日期”“班次1产量（kg）”“班次2产量（kg）”“班次3产量（kg）”“班次4产量（kg）”“日产量”“操作人”“场”等信息进行录入形成记录。操作人员通过手持终端设备可添加某次挤奶任务的“挤奶日期”“班次1产奶量（kg）”“班次2产奶量（kg）”“班次3产奶量（kg）”“班次4产奶量（kg）”“挤奶人”等信息并实时上传，形成每一头奶牛的产奶日记，后期便于对奶牛产奶量、产奶性能进行评价。

点击“牛奶管理”，选择“日期”，查询产奶量（图8-43）。点击“添加”，输入“挤奶日期”“班次1产奶量（kg）”“班次2产奶量（kg）”“班次3产奶量（kg）”“班次4产奶量（kg）”，选择“挤奶人”添加产奶量记录（图8-44）。

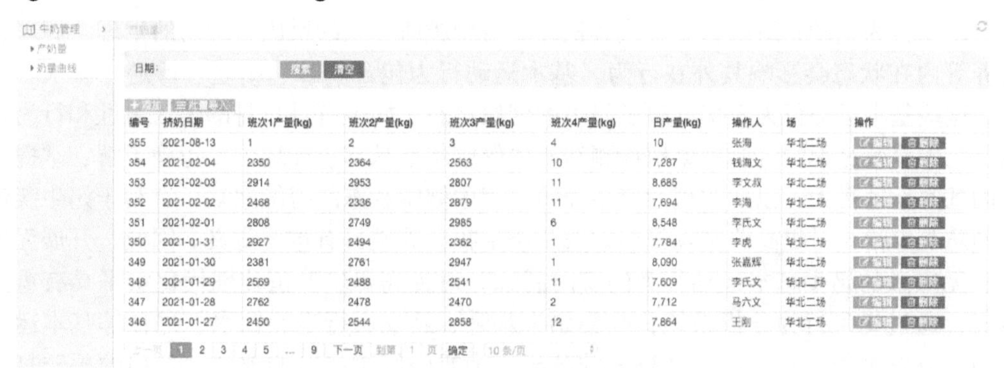

编号	挤奶日期	班次1产量(kg)	班次2产量(kg)	班次3产量(kg)	班次4产量(kg)	日产量(kg)	操作人	场	操作
355	2021-08-13	1	2	3	4	10	张海	华北二场	编辑 删除
354	2021-02-04	2350	2364	2563	10	7,287	钱海文	华北二场	编辑 删除
353	2021-02-03	2914	2953	2807	11	8,685	李文叔	华北二场	编辑 删除
352	2021-02-02	2468	2336	2879	11	7,694	李海	华北二场	编辑 删除
351	2021-02-01	2808	2749	2985	6	8,548	李氏文	华北二场	编辑 删除
350	2021-01-31	2927	2494	2362	1	7,784	李虎	华北二场	编辑 删除
349	2021-01-30	2381	2761	2947	1	8,090	张嘉辉	华北二场	编辑 删除
348	2021-01-29	2569	2488	2541	11	7,609	李氏文	华北二场	编辑 删除
347	2021-01-28	2762	2478	2470	2	7,712	马六文	华北二场	编辑 删除
346	2021-01-27	2450	2544	2858	12	7,864	王刚	华北二场	编辑 删除

图8-43　查询产奶量

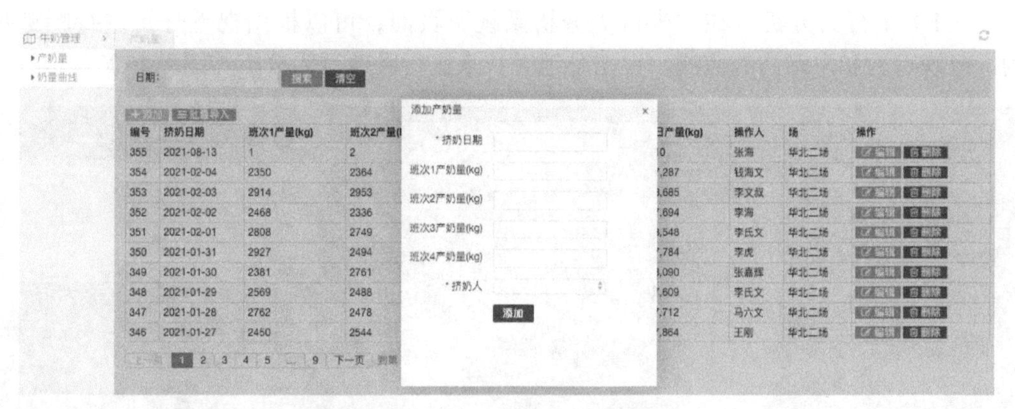

图8-44　添加产奶量记录

（2）产奶量曲线。某挤奶日期，某场产奶量以曲线图形式表现。

在“奶量曲线”页面下，选择“日期”，查看产奶量曲线（图8-45）。

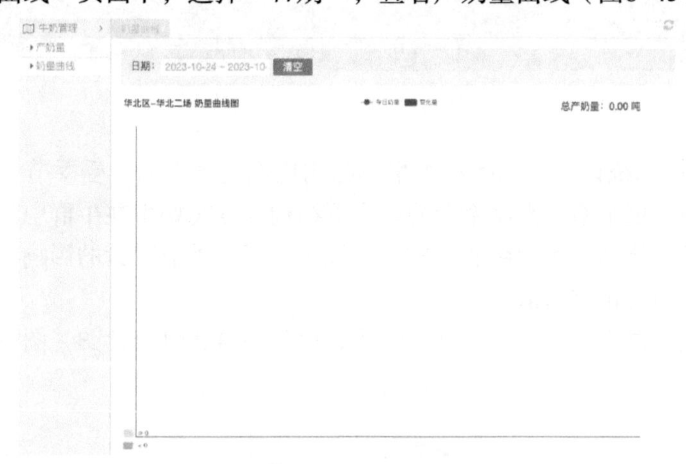

图8-45　产奶量曲线

8.8　分析决策

动物行为是动物对来自环境或其机体本身刺激所产生的反应，动物的生理、病理、营养等内在状态会影响其外在行为。基本运动行为包含躺卧、站立、行走、饮水、进食，这些基本运动行为间接反映了奶牛的健康状态。奶牛有其自身的生活习性和行为特点。奶牛养殖过程中，奶牛繁殖检测和奶牛健康状态具有重要地位。正确了解、掌握奶牛的基本运动行为，以期实现对奶牛养殖过程中健康状态的智能感知，有利于奶牛疾病的预防及诊治，对提高养殖场经济效益及奶牛福利养殖具有重要意义。因此，开展无接触、无应激的奶牛基本运动行为的实时感知，对提高奶牛养殖业现代化水平具有重要意义。通过奶牛行为分析系统，收集奶牛躺卧、站立、行走、饮水、进食等基本运动行为。对奶牛养殖过程中运动行为的分析可为奶牛健康状态的评估及疾病的预防打下基础。

（1）牛行为分析。在“牛行为分析系统”页面，可以根据视觉分析进行爬跨行为、分娩行为和牛蹄病的监测，根据卧地时长来进行卧地行为分析（图8-46）。

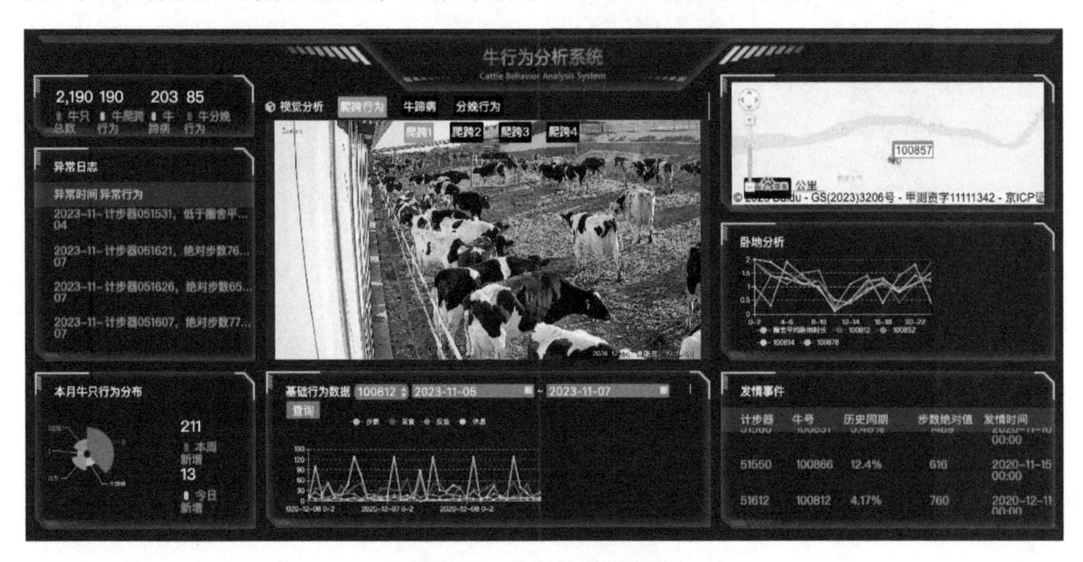

图8-46　牛行为分析系统

（2）牛群比例统计。实际生产中牛群结构比例是动态的，受季节、产奶量变化、繁殖率、成活率、更新率、淘汰率影响。牛群结构和各类奶牛在牛群中的比例经常受到一些因素的干扰，特别是我国南北气候相差较大，还有季节因素的影响都要加以考虑，在规划设计上要制定相应的措施。

通过对不同牛群进行分类、统计、绘图，得到牛群比例统计图（图8-47）。

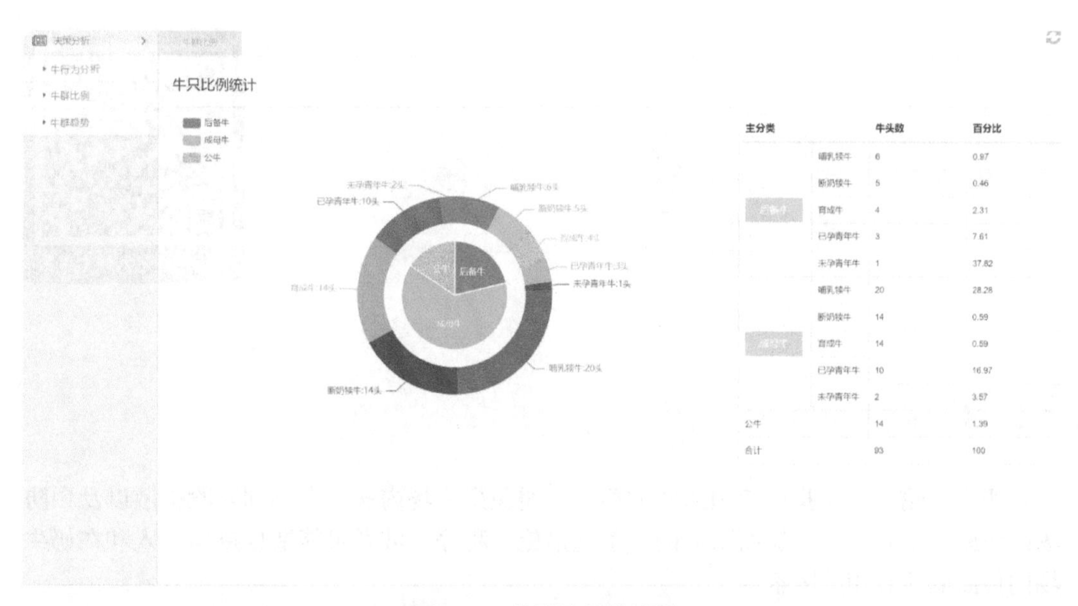

主分类		牛头数	百分比
[illegible]	哺乳犊牛	6	0.97
	断奶犊牛	5	0.46
	育成牛	4	2.31
	已孕青年牛	3	7.61
	未孕青年牛	1	37.82
[illegible]	哺乳犊牛	20	28.28
	断奶犊牛	14	0.59
	育成牛	14	0.59
	已孕青年牛	10	16.97
	未孕青年牛	2	3.57
公牛		14	1.39
合计		93	100

图8-47　牛群比例统计图

（3）牛群趋势。牛群趋势如图8-48所示。

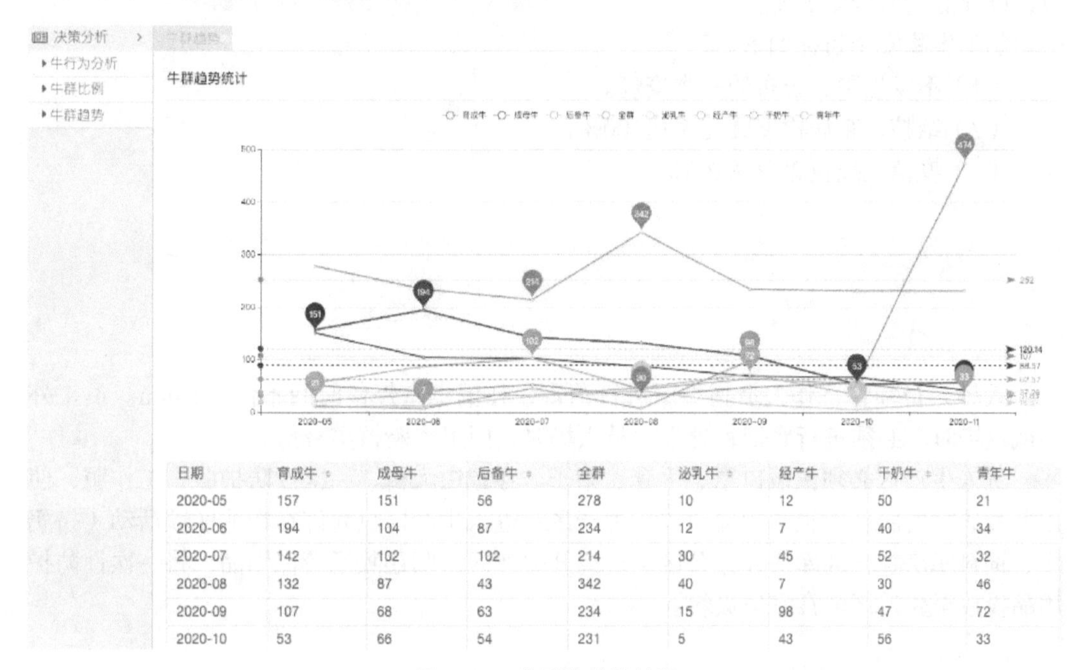

日期	育成牛	成母牛	后备牛	全群	泌乳牛	经产牛	干奶牛	青年牛
2020-05	157	151	56	278	10	12	50	21
2020-06	194	104	87	234	12	7	40	34
2020-07	142	102	102	214	30	45	52	32
2020-08	132	87	43	342	40	7	30	46
2020-09	107	68	63	234	15	98	47	72
2020-10	53	66	54	231	5	43	56	33

图8-48　牛群趋势统计图

第九章　智慧牧场生物安全管控技术

9.1　奶牛生物安全目标

奶牛生物安全是指避免引入新的病原、避免奶牛场内病原在不同阶段扩散以及预防场内病原扩散到其他牛群而采取的一系列措施、程序，涉及可能造成疫病传入和在奶牛场内传播的所有相关因素。

为了维护动物健康、保证牛群健康、规范生产、保障食品安全、控制人畜共患病，保健人员必须按照国家的法律法规严格执行防疫消毒工作，采取一整套措施、程序和细节，以降低病原传播的风险。

奶牛生物安全目标如下。

（1）不发生国家公布的一类疫病。

（2）结核、布病检疫覆盖率达100%。

（3）疫苗免疫覆盖率达100%。

9.2　出入管理

9.2.1　人员管理

入场人员须在工作人员指导下进行消毒，在消毒室停留时间不低于1 min。员工外出或返场时，必须进行登记；外来人员入场时，门卫查验核实身份。

进入生产区必须佩戴口罩、手套、帽子，穿戴白大褂、一次性防护服、工作服，使用鞋套或穿着胶鞋，经消毒通道进入生产区。进入生产区只允许在作业区域活动（挤奶厅、饲料库房、兽药库房和办公区）；离开生产区，归还牧场劳保用品，将一次性防护用品投放至生产区消毒室垃圾箱。

9.2.2　车辆入场管理

未经牧场总经理许可，一切外来车辆不准进入场区（严禁行政车辆进入生产区；严禁工作车辆尤其是清粪车辆进入办公区、生活区）；获准进入的车辆，应由门卫进行登记，并对入场车辆车体、轮胎、底盘等进行严格手动消毒。由对应接待部门负责外来车辆场内管理。

外来拉运零淘牛车辆，要在远离牧场的下风处交接淘汰牛只；外来拉运批淘牛车辆，要经过放置消毒药品的消毒池，并进行车体严格消毒后，方可进入场区。

9.2.3　防疫期管理

在防疫期间，疫区返场的探亲、休假的内部员工，经7d隔离并经严格消毒后方可入场；所有来自疫区的外来人员，禁止入场。

在防疫期间，严禁变更牧场运奶车辆，如遇特殊情况需要发生临时性车辆调配时，需要第一时间通知运营系统保健部和牧场总经理，以便及时处置。

牧场周边200 km范围内有疑似疫情发生时，禁止一切外来人员入场，停止一切参观访问及与防疫不相关的检查工作。

疫病防疫期间（每年11月至次年4月），禁止一切外来人员入场（如有特殊情况时，须提供相关证明，经牧场总经理同意后，方可进入场区）。

9.2.4　牛只出入场检疫管理

凡自有牧场间牛只调动，调入牧场都要对调运牛只进行布病、结核检疫；外购牛只调入牧场，需要对调运牛只检测布病、结核、副结核、牛病毒性腹泻（BVD）。检测合格牛只可调动，不合格牛只调出应按照国家或公司有关规定处置。新进牛只管理详见表9-1。

表9-1　新进牛只管理表

入场时间	注意事项
牛只入场前	牛舍准备：清理、平整卧床，并消毒处理
牛只入场	新进牛只需远离大群牛群，单独圈舍隔离饲养。隔离饲养不低于45 d，并且在整个隔离观察期内，需使用2%戊二醛或2%氢氧化钠带畜消毒2次/d 需安排专职兽医负责巡栏，及时处置出现异常的病牛
入场后2 h	禁止饮水、给料，入场后2 h少量给水，且须在水槽中添加电解多维，每天1次，连续添加7 d
入场后15 d	口蹄疫免疫
入场后45 d	再次口蹄疫免疫后，方可与本牧场牛只混群饲养

9.3　物资管理

在生产过程中，对牧场所需物资的采购、使用、储备等行为进行计划、组织和控制。物资管理的目的是通过对物资进行有效管理，以降低生产成本，加速资金周转，进而促进盈利。物资进场前须按照规章管理消毒。

9.3.1 入库管理

物资入库，必须按照申请单物资质量及其标准核查，并及时入库。

仓库管理员核对采购物料规格、型号、材料等是否与采购单、物料清单、收据发票等信息一致；观察包装完好程度，并清点实物数量；验收中发现数量溢余或短缺和采购单不符时，须与采购员核对单据，由采购员向仓库管理员逐件交接，入库检验后按实际送货数量入库。

购入的所有生产物料，有技术或质量要求的，首先要经过相关人员的抽检或全检合格（抽、全检视产品要求而定），由检验员（或采购申请人）签字后，仓库管理员方可入库，未检验合格、未检验签字的禁止入库。

仓库管理员使用手持终端设备，选择“生产”“物资入库”，根据物资分类选择“仓库”“物资类型”“物资名称”，输入“物资数量”，点击“保存物资入库信息”输入物资入库信息（图9-1）。

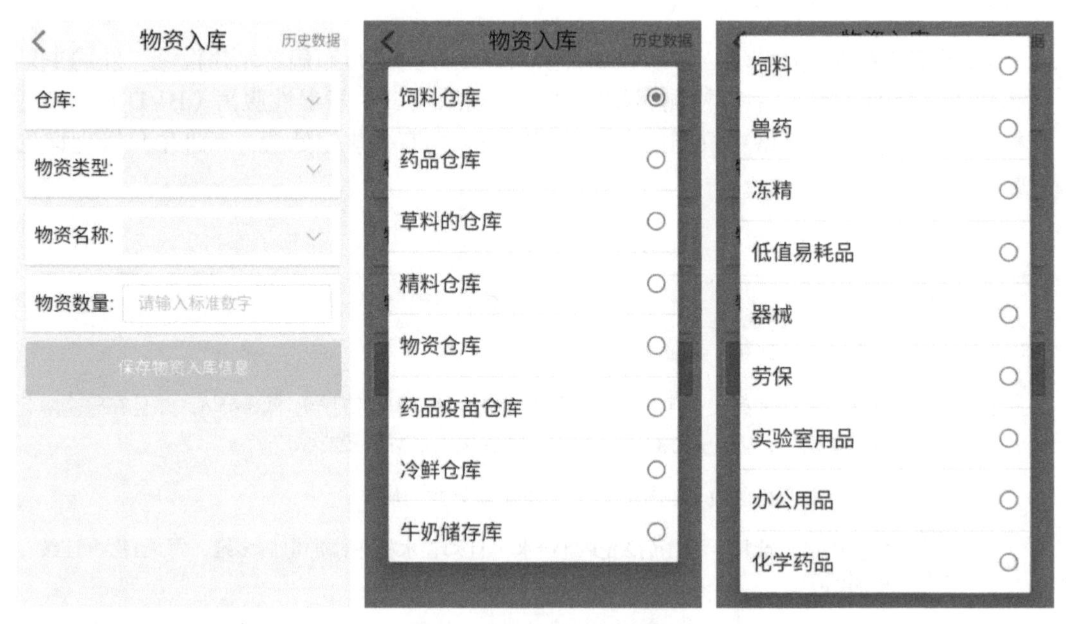

图9-1　输入物资入库信息

仓库管理员使用手持终端设备上传信息后，可在智慧养牛管理系统中查询、编辑，通过管理平台对牧场物资有更好的统筹把控。在智慧养牛管理系统中选择“物料管理”“物资入库”进入“物资入库管理”页面（图9-2），选择“仓库”，输入“物资名称”关键字，查询物资入库信息（图9-3）。点击“添加”，选择“仓库”“物资类型”“物资名称”，输入“物资数量”添加物资入库信息（图9-4）。

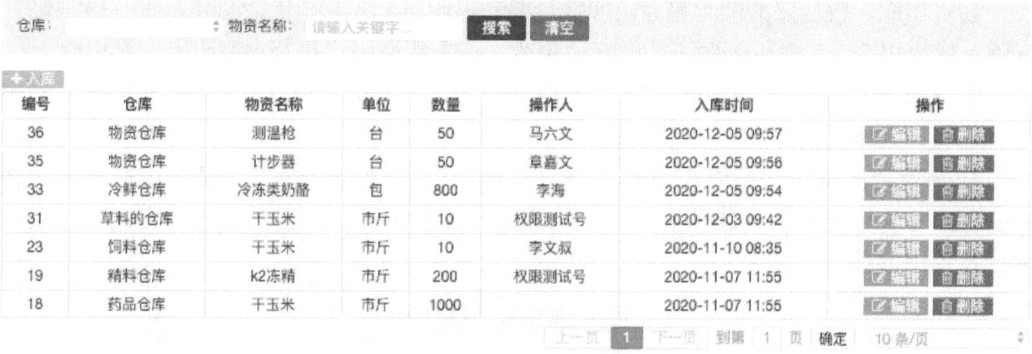
仓库:
物资名称:
请输入关键字...
搜索
清空
+入库
编号 仓库 物资名称 单位 数量 操作人 入库时间 操作
36 物资仓库 测温枪 台 50 马六文 2020-12-05 09:57 编辑 删除
35 物资仓库 计步器 台 50 章嘉文 2020-12-05 09:56 编辑 删除
33 冷鲜仓库 冷冻类奶酪 包 800 李海 2020-12-05 09:54 编辑 删除
31 草料的仓库 干玉米 市斤 10 权限测试号 2020-12-03 09:42 编辑 删除
23 饲料仓库 干玉米 市斤 10 李文叔 2020-11-10 08:35 编辑 删除
19 精料仓库 k2冻精 市斤 200 权限测试号 2020-11-07 11:55 编辑 删除
18 药品仓库 干玉米 市斤 1000 2020-11-07 11:55 编辑 删除
上一页 1 下一页 到第 1 页 确定 10 条/页

图9-2　“物资入库管理”页面

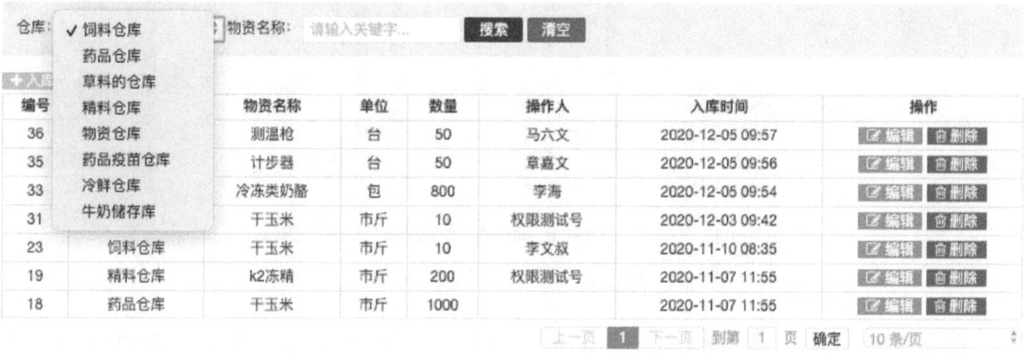
仓库:
饲料仓库
药品仓库
草料的仓库
精料仓库
物资仓库
药品疫苗仓库
冷鲜仓库
牛奶储存库
物资名称:
请输入关键字...
搜索
清空
编号 物资名称 单位 数量 操作人 入库时间 操作
36 测温枪 台 50 马六文 2020-12-05 09:57 编辑 删除
35 计步器 台 50 章嘉文 2020-12-05 09:56 编辑 删除
33 冷冻类奶酪 包 800 李海 2020-12-05 09:54 编辑 删除
31 干玉米 市斤 10 权限测试号 2020-12-03 09:42 编辑 删除
23 饲料仓库 干玉米 市斤 10 李文叔 2020-11-10 08:35 编辑 删除
19 精料仓库 k2冻精 市斤 200 权限测试号 2020-11-07 11:55 编辑 删除
18 药品仓库 干玉米 市斤 1000 2020-11-07 11:55 编辑 删除
上一页 1 下一页 到第 1 页 确定 10 条/页

图9-3　查询物资入库信息

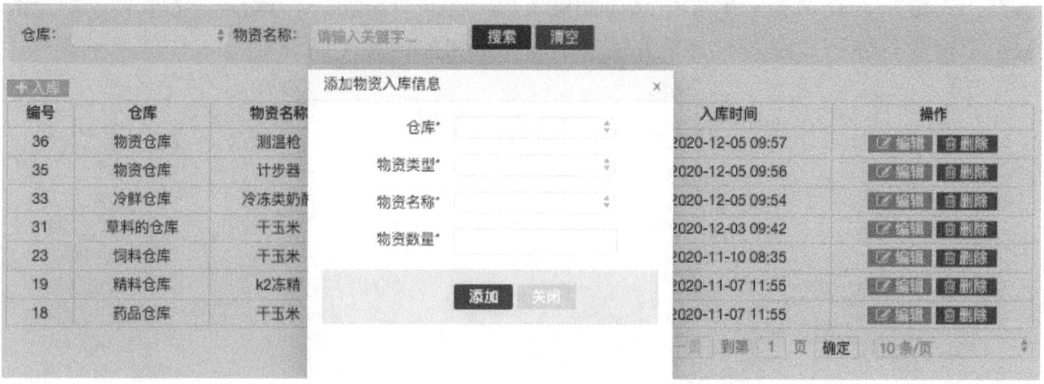
仓库:
物资名称:
请输入关键字...
搜索
清空
+入库
添加物资入库信息
仓库*
物资类型*
物资名称*
物资数量*
添加
关闭
编号 仓库 物资名称 入库时间 操作
36 物资仓库 测温枪 2020-12-05 09:57 编辑 删除
35 物资仓库 计步器 2020-12-05 09:56 编辑 删除
33 冷鲜仓库 2020-12-05 09:54 编辑 删除
31 草料的仓库 干玉米 2020-12-03 09:42 编辑 删除
23 饲料仓库 干玉米 2020-11-10 08:35 编辑 删除
19 精料仓库 k2冻精 2020-11-07 11:55 编辑 删除
18 药品仓库 干玉米 2020-11-07 11:55 编辑 删除
到第 1 页 确定 10 条/页

图9-4　添加物资入库信息

9.3.2　出库管理

常规物资出库，仓库管理员做好记录，领用人必须在领用单上签字确认，否则仓库管理员不得办理出库手续。

物资出库，数量要准确（账面出库数量要和出库单、实际出库数量相符）。做到账、标牌、货物相符合。发生问题不能随意地更改，应查明原因，是否有漏出库、多出库。

仓库管理员应经常核对账、物，定期和不定期对仓库物资进行抽盘或实盘，发现账、物有异常情况时，应及时上报。

仓库管理员使用手持终端设备，选择“生产”“物资出库”，根据物资分类选择“仓库”“物资类型”“物资名称”，输入“出库数量”，点击“保存物资出库记录”输入物资出库信息（图9-5）。

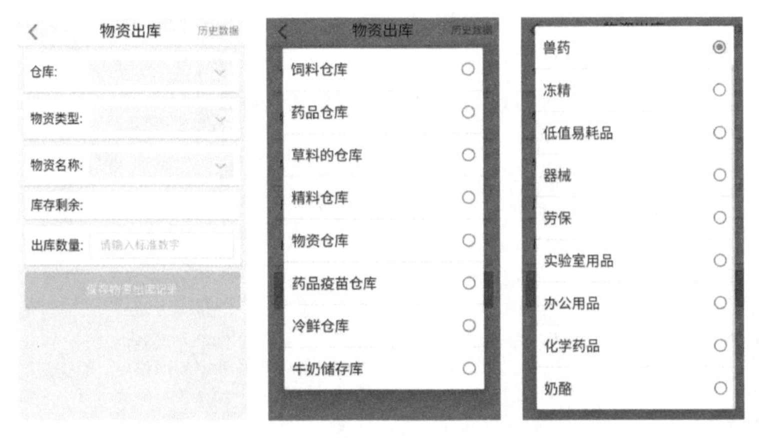

图9-5　输入物资出库信息

仓库管理员使用手持终端设备上传信息后，可在智慧养牛管理系统中查询、编辑，通过管理平台对牧场物资有更好的统筹把控。在智慧养牛管理系统中选择“物料管理”“物资出库”进入“物资出库管理”页面（图9-6），选择“仓库”，输入“物资名称”关键字，查询物资出库信息（图9-7）。点击“添加”，选择“仓库”“物资类型”“物资名称”，输入“出库数量”添加物资出库信息（图9-8）。

仓库：　物资名称：请输入关键字..　搜索　清空

+出库

编号	仓库	物资名称	单位	数量	操作人	出库时间	操作
39	冷鲜仓库	冷冻类奶酪	包	12		2020-12-05 16:19	编辑 删除
38	物资仓库	测温枪	台	10	李氏文	2020-12-05 09:58	编辑 删除
37	物资仓库	计步器	台	10	李氏文	2020-12-05 09:57	编辑 删除
34	冷鲜仓库	冷冻类奶酪	包	400	李氏文	2020-12-05 09:55	编辑 删除
32	草料的仓库	干玉米	市斤	5	张海	2020-12-03 09:44	编辑 删除
24	饲料仓库	干玉米	市斤	10	李文叔	2020-11-10 08:36	编辑 删除
22	精料仓库	k2冻精	市斤	20	管理员	2020-11-07 11:56	编辑 删除
21	药品仓库	干玉米	市斤	500	张海	2020-11-07 11:56	编辑 删除
20	药品仓库	干玉米	市斤	500	管理员	2020-11-07 11:56	编辑 删除

上一页　1　下一页　到第　1　页　确定　10 条/页

图9-6　“物资出库管理”页面

仓库：✓ 饲料仓库 药品仓库 草料的仓库 精料仓库 物资仓库 药品疫苗仓库 冷鲜仓库 牛奶储存库　物资名称：请输入关键字…　搜索　清空

+出库

编号	仓库	物资名称	单位	数量	操作人	出库时间	操作
39		冷冻类奶酪	包	12		2020-12-05 16:19	编辑 删除
38		测温枪	台	10	李氏文	2020-12-05 09:58	编辑 删除
37		计步器	台	10	李氏文	2020-12-05 09:57	编辑 删除
34		冷冻类奶酪	包	400	李氏文	2020-12-05 09:55	编辑 删除
32	草料的仓库	干玉米	市斤	5	张海	2020-12-03 09:44	编辑 删除
24	饲料仓库	干玉米	市斤	10	李文叔	2020-11-10 08:36	编辑 删除
22	精料仓库	k2冻精	市斤	20	管理员	2020-11-07 11:56	编辑 删除
21	药品仓库	干玉米	市斤	500	张海	2020-11-07 11:56	编辑 删除
20	药品仓库	干玉米	市斤	500	管理员	2020-11-07 11:56	编辑 删除

上一页 1 下一页 到第 1 页 确定 10 条/页

图9-7　查询物资出库信息

图9-8　添加物资出库信息

9.4　免疫流程

9.4.1　消毒管理

各区域消毒管理详见表9-2。

表9-2　各区域消毒管理

区域	防护用品	消毒设备	消毒药品及频次	备注
消毒室	帽子、口罩、手套、防护服	紫外线灯（距地面2 m以内）	2%聚维酮碘和2%戊二醛交替使用，每天更换	—

（续表）

区域	防护用品	消毒设备	消毒药品及频次	备注
大门入口	—	消毒池喷雾器	2%氢氧化钠或2%戊二醛消毒，每周更换1次	—
生产区（牛舍、运动场、卧床、场区道路）	—	仰角调整至最大角度（使消毒液雾在空中停留较长时间，最大限度消杀病原微生物）	2%氢氧化钠、2%戊二醛，氯类消毒剂参考说明书使用；每周消毒3次	消毒药品不得接触牛体，消毒时将牛驱赶至不消毒区域
重点区域（产房、病牛舍舍内/通道、牛舍门口通道、犊牛岛/舍、胎衣或死牛滞留处）	—	喷雾器	2%氢氧化钠或氯类消毒剂喷雾器消毒，地面、墙体必须均匀湿透；消毒频次为每天至少2次，均为交接班执行	胎衣或死牛滞留处在作业后第一时间进行清理并消毒。

9.4.2 免疫管理

9.4.2.1 各牛群免疫程序及排期

各牛群免疫程序及排期见表9-3。

表9-3 各牛群免疫程序及排期

项目	免疫牛群	频次	方式与剂量
口蹄疫免疫	95～125日龄首免，126～156日龄加强免	每月20—26日，免疫1次	颈部左侧，肌内注射，金宇保灵疫苗，1 mL/头；天康疫苗，2 mL/头
	156日龄以上所有牛只	每年3次（3月、7月、11月）	
	新购牛只	入场15 d、45 d后加强免疫	
IBR/BVDV疫苗	95～125日龄首免，126～156日龄加强免 335～365日龄再免疫1次	每月20—26日，免疫1次	颈部右侧，肌内注射，2 mL/头
	成母牛 青年牛	怀孕214～220 d首免 怀孕251～257 d复免	
梭菌疫苗	干奶后（围产加免）	怀孕214～220 d首免 怀孕251～257 d复免	皮下注射，5 mL/头
驱虫	156日龄以上后备牛	每年2次（4月、10月）	肌内注射，按说明执行
	干奶牛	每周所有干奶牛只	

9.4.2.2　免疫准备

确定牛群：免疫当天从系统里把符合当次免疫的牛只耳号筛选后打印出来，严格按耳号对牛免疫。

人员安排：全群免疫、检疫时保健经理全程负责，每天离开操作现场不得超过2 h，保健经理离开期间主管必须在现场负责。

部门协作：在免疫前一天通知饲喂部，配合投喂饲料时间，便于锁牛；通知各部门停止调整牛群，避免出现漏免、重免现象。

物料：5%碘酊棉、75%酒精棉、肾上腺素、一次性无菌注射器、针头（皮下注射时应用12 × 15号的针头，肌内注射时用12 × 20号的针头）。

疫苗携带：夏季疫苗应在带有冰袋的保温箱内携带，保温箱内温度符合疫苗保存条件；冬天疫苗也应在保温箱内携带，天气冷时保温箱应用棉衣或棉被等包裹保温，保温箱内温度符合疫苗保存条件；避免阳光照射，开封后和稀释过的疫苗应当天用完，用不完的疫苗进行无害化处理。

9.4.2.3　免疫操作

锁牛：接种疫苗时，锁牛时间不能超过1 h，接种疫苗后观察，无过敏情况则放行牛只。

疫苗回温：疫苗回温不彻底会增大应激反应，使用前应恢复至接近牛体体温再注射。回温方法可参考：在35 ℃水浴锅回温5 min或在25 ℃室温放置2 h。

消毒：每接种1头牛使用1支一次性无菌注射器（针头），注射部位要用5%碘酊消毒。

使用方法：严格按疫苗说明书使用方法免疫接种，免疫过程中严禁打飞针，并做好免疫记录。病牛不接种疫苗，需做好记录，待康复后补免。

过敏观察：接种疫苗后的当天对免疫过的牛群进行巡栏2 ~ 3次，巡栏人员身上必须带有肾上腺素、注射器，检查牛有无过敏反应，对接种疫苗后过敏反应严重的牛，立即皮下注射肾上腺素，并观察治疗效果。

收尾工作：接种用过的针头、疫苗空瓶、注射器、手套等都要集中收集，进行无害化处理，并做好记录。

每月5日由牧场保健经理检查各种免疫记录，并做好下月免疫计划，因特殊情况实际免疫时间和免疫计划出现偏差时提前请示运营系统保健部，批准后方可执行（实际免疫时间和免疫计划相差3 d之内不需要请示）。

9.5　检疫流程

9.5.1　检疫程序

各牛群检疫程序及排期见表9-4。

表9-4　各牛群检疫程序及排期

检测项目	牛群与时间	频次	检测比例
口蹄疫抗体检测	全群牛只免疫后21 d	每次免疫后21 d，全年3次以上	10%
	新进牛群全群	入群检测1次	100%
	满180日龄犊牛	每月6—10日，1次/月	100%
IBR/BVDV抗原检测	疫苗注射后21 d	每月1次	10%
结核抗原检测	2月龄以上所有牛只	每年2次	100%

9.5.2　结核检疫

9.5.2.1　皮内变态反应（PPD法）

每年进行两次结核检疫，牛颈部皮差试验：要求在牛颈部一侧1/3处中部的健康皮肤处剪毛，面积为3 cm × 3 cm，将注射部位用手捏起，以卡尺测量皮肤皱褶并记录。消毒后皮下注射副结核菌素0.1 mL，72 h后观察结果。检查注射部位的皮肤有无热、肿、痛等炎症反应，同时用卡尺测量皮肤褶皱厚度，计算皮差。皮差≥4 mm为阳性，皮差在2.1 ~ 3.9 mm为疑似反应，皮差≤2 mm判为阴性。对检疫结果为可疑和阳性牛只采血进行实验室复检。（备注：结核检测前后皮厚标记详细，结果填写都以阳性或一个“+”代替）

9.5.2.2　牛结核酶联免疫吸附实验

要求牛颈部皮差试验判定为阳性的牛只，每头牛使用一次性采血管采血5 mL，当日送化验室检测做复检，根据S/P值判断阴性或阳性。

9.5.2.3　γ-干扰素ELISA试验

要求牛颈部皮差试验判定为阳性的牛只，每头牛使用一次性采血管采血5 mL，当日送化验室检测做最后复检，并做好检疫记录。

9.5.2.4　阳性牛只处理

实验室复检后，阳性牛只分批次进行无害化处理。

9.5.3　布病检疫

9.5.3.1　检疫对象

176 ~ 205日龄育成期奶牛布病疫苗免疫前、后检测阳性率。

266～296日龄青年牛布病疫苗免疫前、后，免疫后每3个月测定1次阳性率。

24月龄青年牛检测阳性率。

9.5.3.2　检疫时间

7月龄、10月龄牛只每月5日，检测1次。

12～24月龄青年牛每季度抽检15头，每月5日送样，年检4次。

6月龄以上所有牛只，每年春秋两季（4月、9月）检测，并做好检疫记录。

9.5.4　副结核检疫

9.5.4.1　检测牛群

病区所有腹泻牛只。

9.5.4.2　检疫时间

每月1—5日（新发病腹泻牛只）。

9.5.4.3　检测送样

发病牛只全血冷藏送样，并做好检疫记录。

9.5.4.4　检测结果

阳性牛只隔离，并执行淘汰处理。

9.5.5　血样采集及送检操作规范

9.5.5.1　物品准备

采血管：普通管（无抗凝剂）可用于抗体效价检测、布病检疫、结核病复检等。

抗凝管：含有抗凝剂的真空负压采血管，可用于牛病毒性腹泻病毒（BVDV）检疫等。

其他物品：防水记号笔（用于样品编号）、酒精棉球、保鲜膜、垃圾袋、样品保温冷藏箱、冰袋等。

9.5.5.2　采血管编号

血样采集前可根据预计抽检数量先在采血管上使用防水记号笔记录采样流水号。采血管编号规则为：月份（2位）+日期（2位）+顺序号（4位），例如4月15日采集的第一个样品编号为04150001，以此类推。

采血单准备，顺序使用经记录好采样流水号的采血管，对应记录被检牛只的耳号。

9.5.5.3 血液样品采集流程

（1）采血方式。推荐采用牛只尾根部静脉采血方式。

（2）采血量标准。单项检测采血量为4～5 mL/头。多项检测采血量为8～10 mL/头。血样采集人员应穿戴手套、口罩、胶靴、防护服等，做好个人防护。

9.5.5.4 注意事项

（1）血样采集记录。牛耳号及采样管编号与牛只必须保持一致。

（2）采血管的消毒。采血管管壁上的血污、粪污可用75%酒精进行清理，但要避免将管壁上的采样流水号擦拭模糊。

（3）废弃物处理。采血针头、防护手套、口罩等废弃物品应统一收集，进行无害化处理。

（4）血样的保存。将采血管按编号顺序放置在原始包装中的泡沫托底上，外周以保鲜膜缠绕固定，保持直立状态。将包装好的样品放入置有冰袋的保温箱内，保证样品处于2～8 ℃冷藏状态。样品采集完成后，应在12 h内送至检验室，送检过程中要最大限度地防止倾斜或震荡以避免溶血现象发生。送检时，血样和采血单记录表要一同送至化验室，如果没有采血单记录表，化验室不予检测。

9.6 有害生物防控

9.6.1 灭蚊、蝇管理

9.6.1.1 灭蚊、蝇及虫卵方案

使用药品：高效低毒防疫消杀药品。

防控地点：生产区除采食道和水槽外所有区域，都需进行防控。

执行时间：每年4—10月。

9.6.1.2 生产区防控管理

由牧场总经理划分生产区蚊、蝇防控工作责任区域，各生产部门部长为责任人，每次灭蚊、蝇后，做好相关记录。

9.6.1.3 蚊、蝇防控注意事项

不可污染到饲料和饮水。

雨后或闷热潮湿的时段，是蚊、蝇产卵最频繁、蛹化速度最快的时期，要适当增加消杀频率和药物用量。

有风情况下，需判准风向，先在下风向喷洒消杀，然后依次向上。

各类型杀虫剂交替使用，防止蚊、蝇产生抗药性，保障蚊、蝇防控工作效率的最大化。严格按照产品说明书进行使用，以达到最佳杀灭效果。

9.6.2 防鼠管理

鼠害是牧场必须重视的问题之一，老鼠不仅偷吃饲料，最重要的会传播传染性疾病，如李氏杆菌病、出血热、鼠疫等，而传统的毒饵灭鼠方法考虑到生物与乳品安全问题在牧场不能使用，使牧场的灭鼠工作更为困难，建议采取以下方法进行。

（1）牧场设计施工时，应充分考虑防鼠需要，特别是饲料库、牛舍等施工不能留有墙洞，墙内侧垫一层炉灰渣可以防鼠，建筑墙体等不能有裂缝。

（2）场区内墙洞、裂缝等随时用炉灰渣、水泥修补，下水井口等要盖好。

（3）使用物理、机械灭鼠的方法，如鼠夹、鼠笼、电子捕鼠器等；如有必要，请专业人员灭鼠，并保留相关记录，以备查看。